国家食用菌产业技术体系栽培技术丛书

黑木耳

栽培实用技术

（第2版）

HEIMUER

ZAIPEI SHIYONG JISHU

张介驰　主编

中国农业出版社

北　京

第2版编委名单

主　　编：张介驰

副 主 编：（以姓氏笔画为序）

　　　　　王　鑫　王延锋　李进山　张丕奇
　　　　　郑巧平

编　　委：（以姓氏笔画为序）

　　　　　王　鑫　王玉江　王延锋　文　晴
　　　　　闫水华　杜忠伟　李进山　张介驰
　　　　　张丕奇　郑巧平　胡清秀　黄天骥
　　　　　韩建东　路新彦　蔡为明　谭　伟

第2版序

时光飞逝，转眼之间，国家食用菌产业技术体系栽培功能实验室编写的"国家食用菌产业技术体系栽培技术丛书"已经出版十四年了！

十四年的光阴已经悄无声息地流逝。十四年前，国家食用菌产业技术体系成立之初，体系栽培功能实验室就组织了一批岗位专家和成员编写了一套食用菌栽培技术丛书，对我国生产量较高、栽培区域较广、对菇农影响较大的香菇、平菇、黑木耳、双孢蘑菇、金针菇、灵芝、珍稀食用菌等种类的栽培技术进行了归纳、总结和提炼。

如今，十四年的时间过去了，当年编写的这套丛书在不同食用菌主产区传播，促进了广大菇农生产技术的提升，也为食用菌区域化标准化栽培模式的推广起到积极的推动作用。

十四年间，香菇持续保持产量第一，同时在我国食用菌总产量的占比不断提升。在我国精准扶贫攻坚战中发挥了重要作用，据统计，我国一半的国家级脱贫县选择了香菇作为脱贫支柱产业。

十四年间，黑木耳已经跃居成为我国第二大栽培食用菌种类，成为消费最为广泛的食用菌品种。习总书记盛赞"小木耳，大产业"，不仅是木耳产业的荣耀，更是全体食用菌人心中飘扬的旗帜！

十四年间，我国金针菇栽培方式已经完全实现从农法栽培向工厂化栽培的转变，并成为我国工厂化栽培方式产量第一的食用菌种类。数家栽培企业依靠金针菇工厂化栽培成功上市，谱写了一曲曲乡村振兴产业兴旺的凯歌。

十四年间，灵芝已经成为我国药用菌产业的领头羊，灵芝深加工产业链不断延伸，年产值达数百亿元，成为我国食用菌深加工的典范和榜样，灵芝栽培在我国多个主产区成为富民强农的重点产业。

十四年间，双孢蘑菇、杏鲍菇、真姬菇、灰树花、大球盖菇等多个本丛书所涉及的栽培种类也都发生了巨大变化。

十四年间，岁月如梭，变化很多，但是食用菌栽培承担巩固拓展脱贫攻坚成果、接续推进乡村振兴的历史任务没有变；食用菌产业蓬勃发展，在循环农业、健康农业中发挥的独特价值没有变；产业技术体系专家们勇担社会责任、服务"三农"的初心使命没有变。

正是在这种不变的责任和初心的感召下，体系组织专家力量再版"国家食用菌产业技术体系栽培技术丛书"，根据形势变化，重新编写丛书内容，考虑到该套丛书主要针对菇农，所以移出了以工厂化生产为绝对主导的金针菇和以企业运营为主、生产模式较为统一的双孢蘑菇。同时，根据手机使用的普及，增加了"扫码看视频、学技术"的内容，使得大家更加直观、快速地掌握栽培技术。

道路漫漫，任重道远。我国食用菌产业发展需要一代一代食用菌人的持续奋斗，也需要接续培养新一代的技术骨干和种菇能手，希望本再版丛书能够与时俱进，发挥培养一代新人的作用。

国家食用菌产业技术体系　谭琦

2024 年 4 月

第1版序

　　食用菌产业是伴随着我国改革开放的步伐发展起来的。1978 年全国食用菌产量仅 6 万吨，占世界总产量的 5.7%。改革开放后，食用菌产业凭借"不与人争粮、不与粮争地、不与农争时，投资小、见效快、零污染"等优势，犹如星星之火，在全国迅速燎原。2009 年我国食用菌产量已达 2 020 万吨，占世界总产量的 80% 左右，产值达 1 103 亿元，在种植业中仅次于粮、棉、油、菜、果，排名第六，全国从业人员超过了 2 500 万人，中国已成为世界食用菌生产的大国。

　　在食用菌产业蓬勃发展之时，国家食用菌产业技术体系成立了，这无疑将为整个产业起到强有力的技术支撑作用。在这个平台的支持下，岗位专家对全国各地食用菌生产进行了系统调研，在其他岗位专家、综合试验站、生产基地的大力支持下，栽培功能室的专家结合自身工作，对我国生产量最大的平菇、香菇、木耳、双孢蘑菇、金针菇及珍稀食用菌的栽培技术进行了归纳、总结和提炼，编写出适合不同食用菌主产区生产的系列实用丛书，以供广大菇农学习、借鉴、提高，促进食用菌区域性标准化栽培模式的加速推广，为我国食用菌产业的稳步提升做出贡献。

国家食用菌产业技术体系栽培功能实验室

2010 年 10 月

第2版前言

黑木耳（*Auricularia heimuer*）是中国传统的食用菌品种，栽培历史悠久。人工栽培经历了孢子自然接种、孢子液人工喷洒接种、纯菌接种段木栽培和纯菌接种代料栽培等多个发展阶段。在近几十年间，经过瓶栽、块栽、床栽和袋栽等不同栽培模式的研究探索和生产实践，目前已经形成了以木屑为主要原料、以聚乙（丙）烯塑料袋为载体容器的袋栽生产模式，并广泛应用于生产。据中国食用菌协会统计，2020 年中国黑木耳鲜品产量已超过 700 万吨，其中绝大部分是袋栽生产。

黑木耳产业是以农林副产物为原料、经微生物转化生产健康食品的生态产业，是农业循环经济的重要组成部分，对农林业增收具有重要意义。近年来，在技术进步、政策扶持和市场需求的共同推动下，中国黑木耳产业栽培规模日益壮大，产区已遍布大部分省份，一年四季都能找到正在出耳的黑木耳菌包。这种多地域和多季节的广泛栽培实践为更加深入地认识黑木耳栽培特性提供了难得的试验平台；同时，在不断满足市场的过程中，也对栽培指标等提出了新要求，极大地促进了栽培技术的不断创新。尤其是工厂化生产黑木耳菌包的规模化应用，在很大程度上消除农户分散式生产带来的不确定因素，使得研究人员可以更精准地分析并确定各种营养因素和环境条件对黑木耳菌丝及子实体生长发育的影响作用，从而更精准、更高效地集成创新栽培技术。

　　本书是国家食用菌产业技术体系栽培技术丛书的一种，在第1版《黑木耳栽培实用技术》的基础上，结合了最近十多年来黑木耳栽培技术方面涌现的新理论、新思路、新方法和新设施，对中国黑木耳主产区栽培技术进行了全面总结和更新，修订补充了当下先进的技术方法、设备设施等，尤其是第2版增加了棚室挂袋栽培模式方法的介绍，强化了设备设施与管理技术的协同增效作用。本书着重突出了先进性、实用性和可操作性，可推动不同层次的黑木耳生产者拓展思路、启迪创新。

　　为了使读者易读易懂、快速掌握，本书的编写思路为：抓住关键、精讲典型、易于实践。其中，黑木耳北方栽培技术主要参考了黑龙江、吉林两省的主要生产实践；南方栽培技术主要参考了浙江丽水和湖北随州等地区的主要生产实践。本书由国家食用菌产业技术体系组织编写，在编撰过程中得到了栽培与设施功能研究室以及多位体系岗位科学家、综合试验站站长的大力支持，在此一并致谢！

　　由于我国黑木耳产业生产规模之大、品种之多、栽培地域之广、环境条件之复杂，本书对黑木耳栽培技术的论述难以面面俱到，如有不妥之处，欢迎广大读者不吝指教、批评指正。

编　者

2024 年 12 月

第1版前言

黑木耳（*Auricularia auricula-judae*）是我国传统食用菌品种，栽培历史悠久。人工栽培经历了孢子自然接种、孢子液人工喷洒接种、纯菌接种段木栽培和纯菌接种代料栽培等不同的发展阶段。近几十年来，经过瓶栽、块栽、床栽和袋栽等不同模式的研究探索和生产实践，目前已形成了以木屑、棉籽壳和玉米芯为主要原料、以聚乙（丙）烯塑料袋为容器的袋栽生产模式，在生产中被广泛应用。

黑木耳产业是以农林副产物为原料的生态产业，是农业脱困、林业治危、惠及"三农"的优势产业，是具有劳动密集型、技术密集型、资源密集型等特点的"短、平、快"农林致富项目，是农业循环经济的重要组成部分。同时，黑木耳产品的营养作用和保健功效日益得到认同，产品消费空间日益得到拓宽。在技术进步、政策扶持和市场需求的共同推动下，我国黑木耳生产规模日益壮大。据中国食用菌协会统计，2009 年我国黑木耳鲜品产量已达到 260 万吨。

产业规模扩大造成了木质原料紧张和产品销售压力增大，迫切需要提高黑木耳栽培技术水平、拓宽原料来源、提升产品质量，实现由规模效益型向质量效益型的转换。本书是我国黑木耳主产区栽培技术的总结集成，其中北方栽培技术主要参考了黑龙江和吉林两省的段栽和袋栽黑木耳生产实践，南方袋栽技术和段栽技术主要以浙江省丽水地区和湖北省随州地区的生产实践为基础。本书集成技术既有生产实践经验的总结，也有栽培管理技术的创新，具有突出的实用性和可操作性，可对不同层次的黑木耳栽培生产者提供启迪和帮助。

本书是国家食用菌产业技术体系提出并组织编写的，编撰过程中得到了国家食用菌产业技术体系栽培与设施功能研究室、牡丹江综合试验站、延吉综合试验站、丽水综合试验站和随州综合试验站各位专家的大力支持，岗位团队成员韩增华、孔祥辉、戴肖东、马庆芳和刘佳宁参与了具体工作，在此一并致谢！

由于我国黑木耳生产规模大、品种多、栽培地域复杂，本书对黑木耳栽培技术的论述难免不够全面，不当之处在所难免，欢迎广大读者批评指正。

编著者

2010 年 12 月

CONTENTS 目 录

第 2 版序
第 1 版序
第 2 版前言
第 1 版前言

01 第一章 ——————————————————————— 1
黑木耳概述

一、黑木耳分类地位与分布 / 1
二、黑木耳营养价值 / 1
三、黑木耳栽培历史 / 2
（一）天然原木砍花栽培 / 2
（二）段木纯菌种接种栽培 / 3
（三）木屑代用料栽培 / 3

02 第二章 ——————————————————————— 5
黑木耳生物学特征

一、黑木耳形态与结构 / 5
二、黑木耳生活史 / 5
三、黑木耳生长发育条件 / 7
（一）营养条件 / 7
（二）环境条件 / 7

03 第三章 ——————————————————— 9
北方（短袋）黑木耳代料栽培技术

一、短袋黑木耳菌包制备技术　　　　　　　　　/ 9
（一）生产配方　　　　　　　　　　　　　　/ 9
（二）液体菌种生产　　　　　　　　　　　　/ 13
（三）二级菌种生产　　　　　　　　　　　　/ 16
（四）菌包生产　　　　　　　　　　　　　　/ 17
（五）常见问题与应对措施　　　　　　　　　　/ 21
二、春季栽培技术　　　　　　　　　　　　　　/ 23
（一）露地摆放栽培技术　　　　　　　　　　/ 23
（二）棚室挂袋栽培技术　　　　　　　　　　/ 29
（三）春季栽培常见问题与应对措施　　　　　　/ 32
三、秋季栽培技术　　　　　　　　　　　　　　/ 34
（一）栽培品种　　　　　　　　　　　　　　/ 34
（二）露地摆放栽培技术　　　　　　　　　　/ 34
（三）棚室挂袋栽培技术　　　　　　　　　　/ 39
（四）秋季栽培常见问题与应对措施　　　　　　/ 41

04 第四章 ——————————————————— 42
南方（长棒）黑木耳代料栽培技术

一、栽培设施　　　　　　　　　　　　　　　　/ 42
（一）设备与工具　　　　　　　　　　　　　/ 42
（二）场地与设施　　　　　　　　　　　　　/ 42
二、栽培品种　　　　　　　　　　　　　　　　/ 43
三、栽培季节与原料　　　　　　　　　　　　　/ 43
（一）栽培季节　　　　　　　　　　　　　　/ 43
（二）原料选择　　　　　　　　　　　　　　/ 44

四、菌棒生产 / 45

　（一）配料与拌料 / 45

　（二）装袋制棒 / 45

　（三）灭菌与冷却 / 46

　（四）料棒接种 / 47

　（五）发菌管理 / 48

五、菌棒排场 / 50

　（一）选场 / 50

　（二）耳场建设 / 50

　（三）喷雾设施 / 50

　（四）排场 / 50

　（五）催芽 / 51

六、出耳管理 / 51

　（一）原基分化期管理 / 51

　（二）耳片生长期管理 / 51

　（三）耳潮间隔期管理 / 52

七、采收与干制 / 52

　（一）采收 / 52

　（二）干制 / 52

八、常见异常现象及应对措施 / 53

05 第五章 55
北方黑木耳段木栽培技术

一、耳场选择和段木准备 / 55

　（一）耳场选择 / 55

　（二）段木准备 / 55

二、段木接种 / 56

三、栽培管理 / 57

（一）耳木上堆 / 57

（二）散堆排场 / 59

（三）起架管理 / 59

四、采收与干制 / 60

（一）采收 / 60

（二）干制 / 61

五、常见异常情况及应对措施 / 61

06 第六章 ─── 63
南方黑木耳段木栽培技术

一、场地和耳杆准备 / 63

（一）场地准备 / 63

（二）耳杆准备 / 64

二、养菌期管理 / 66

（一）上堆定殖 / 67

（二）散堆排场 / 67

（三）耳杆起架 / 68

三、出耳管理 / 69

四、采收和加工 / 70

五、越冬管理 / 71

六、常见异常情况及应对措施 / 71

07 第七章 ─── 74
黑木耳栽培病虫害防治

一、常见病害及其防治 / 74

（一）常见病害致病菌 / 74

（二）感染杂菌和藻类的主要原因　　　　　/ 77

（三）其他病害　　　　　　　　　　　　　/ 78

（四）主要防治措施　　　　　　　　　　　/ 79

二、常见虫害及其防治　　　　　　　　　　/ 80

（一）常见害虫　　　　　　　　　　　　　/ 80

（二）其他有害生物　　　　　　　　　　　/ 83

（三）虫害防治　　　　　　　　　　　　　/ 84

三、病虫害的综合防治　　　　　　　　　　/ 84

（一）农业防治　　　　　　　　　　　　　/ 84

（二）物理防治　　　　　　　　　　　　　/ 85

（三）生物防治　　　　　　　　　　　　　/ 85

（四）化学防治　　　　　　　　　　　　　/ 85

四、黑木耳生产农药使用原则　　　　　　　/ 86

参考文献　　　　　　　　　　　　　　　　/ 89

视频目录

（微信扫一扫，即可观看）

视频 1
液体菌种
生产接种

视频 2
露地栽培
菌包开口

视频 3
黑木耳采
摘要点

视频 4
棚室栽培
黑木耳采摘

视频 5
晾　晒

视频 6
棚室挂袋（1）

视频 7
棚室挂袋（2）

视频 8
黑木耳长
棒接种

视频 9
黑木耳长
棒排场

第一章

黑木耳概述

一、黑木耳分类地位与分布

黑木耳（*Auricularia heimuer* F. Wu，B. K. Cui & Y. C. Dai）属担子菌门（Basidiomycota），伞菌纲（Agaricomycetes），木耳目（Auriculariales），木耳科（Auriculariaceae），木耳属（*Auricularia*）（吴芳等，2015；戴玉成等，2007；Kirk et al.，2008），又称木耳、云耳、光木耳、细木耳、黑菜，是一种典型的胶质真菌。广泛分布于热带、亚热带、温带地区。黑木耳主要产地为中国、日本和韩国，我国黑木耳产量占世界总产量的 90% 以上，黑木耳堪称"国蕈"（姚方杰，2012；姚方杰等，2015）。我国黑木耳野生种质资源分布几乎遍布全国，栽培面积遍及全国 20 多个省份，东北地区为主产区，且具有品质优、产量高的优势（黄年来，2010）。野生黑木耳见彩图 1-1。

二、黑木耳营养价值

黑木耳子实体营养丰富，富含多种营养成分。据测定，每 100 克黑木耳（干品）中含蛋白质 10.6 克（与肉类中蛋白质含量基本相同），脂肪 0.2 克，糖类 65.5 克，纤维素 7 克，铁 0.185 克（比绿叶蔬菜中含铁量最高的菠菜高出 20 倍，比动物性食品中含铁量最高的猪肝还高出约 7 倍）。黑木耳的维生素 B_2 含量是一般米、面和大白菜的 10 倍，比猪肉、牛肉、羊肉高 3～5 倍；黑木耳钙含量是肉类的30～70 倍；黑木耳磷和硫含量也比肉类高。同时，黑木耳富含人体必需氨基酸，如亮氨酸、异亮氨酸、缬氨酸、赖氨酸、蛋氨酸、苏氨酸、酪氨酸、色氨酸等（李玉，2001），被营养学家誉为"素中之荤""素中之王"。

黑木耳具有重要的食用价值，也是一种重要的药用菌。我国历代医药学家都充分肯定了黑木耳的药用价值。中药学著作《神农本草经》中就有记载："桑耳黑者，主女子漏下赤白汁，血病症瘕积聚"；明代名医李时珍的《本草纲目》中记述了历代医书中应用黑木耳治疗多种疾病的方法和疗效，黑木耳常用于治疗寒湿性肠痈、肠风、痢疾、痔疮出血、手足抽筋、崩漏及产后虚弱等病。1999年出版的《中华本草》记载：黑木耳味甘性平，归脾、肺、肝、大肠经，主治气虚血亏，肺虚久咳，咯血，痔疮出血，妇女崩漏，月经不调，跌打损伤等。黑木耳含有的核苷酸类物质，可降低血液中胆固醇的含量，预防血栓及心脏冠状动脉疾病；黑木耳富含的胶质物质，在人体消化系统内对不溶性纤维、尘粒等具有较强附着力，具有润肺、清涤胃肠和消化纤维素的作用，因而成为适宜纺织工人、矿山工人和理发师食用的一种保健食品。

三、黑木耳栽培历史

黑木耳人工栽培起源于我国。早在公元 7 世纪，我国就出现了木耳的人工接种和培植方法。这在唐代苏恭所著《唐本草注》有所记述："桑、槐、楮、榆、柳，此为五木耳，煮浆粥，安诸木上，以草覆之，即生蕈尔。"蕈即是黑木耳（张金霞，2015）。

黑木耳人工栽培经历了天然原木砍花栽培、段木纯菌种接种栽培和木屑代用料栽培等重要发展阶段。

（一）天然原木砍花栽培

唐朝时，川北大巴山、米仓山、龙门山一带的山民就开始采用

"原木砍花"法种植黑木耳，利用黑木耳孢子自然接种，这种原始种植方法持续了上千年。清朝时我国东北长白山、河南伏牛山等地也开始种植黑木耳，入冬三九天将落叶树伐倒，依靠黑木耳孢子自然传播接种繁育，这种方法几乎完全依赖气候环境，靠天收耳，采收年限4～5年，产量极低。据《四川南江县志》（1827）、《湖北通志》（1921）等书记载，清代中叶，四川大巴山以及湖北勋属诸县是当时国内黑木耳主要产区（罗信昌等，2010）。

（二）段木纯菌种接种栽培

20世纪50年代，在人工喷洒黑木耳孢子液接种的基础上，人们开始培育黑木耳纯菌种，发明了段木打孔并接种纯菌种的栽培方法，使段木栽培黑木耳产量大大提高。纯菌种的成功研发真正实现了从原木砍花法向有种（zhǒng）有种（zhòng）有预期收获的段木人工接种生产方式转变，使黑木耳的稳定生产成为可能。黑木耳采收年限2～3年，每根长1米、直径10～13厘米的优质木段可产100～150克黑木耳。黑木耳段木栽培（彩图1-2）在20世纪80年代达到高峰，但段木栽培模式受自然灾害影响大、木材利用率低，后相对于代料栽培产量偏低，后逐步被代料栽培模式所取代，至今仅有少量应用。

（三）木屑代用料栽培

木屑代用料栽培黑木耳是目前应用最广的一种栽培技术模式，又称代料栽培黑木耳，是指利用木屑、棉籽壳、甘蔗渣、玉米芯、麸皮等农林副产品代替段木，以塑料袋、玻璃瓶等为容器栽培黑木耳。中国黑木耳代料栽培已成为当下行之有效的新技术，居于世界领先地位。

20世纪70—80年代，上海、湖北、福建、浙江、河北、黑龙江、吉林等地科研部门开始用木屑、棉壳、玉米芯等进行黑木耳袋栽、瓶栽、块栽、床栽等不同栽培方式的试验，并取得一定成果。塑料袋袋栽研究较多，出耳方式主要有棚室吊挂、层架摆放（孙华

瑜等，1984）、蔗田套栽（傅永春等，1987；张芦宛等，1988）和
园田遮阴摆放（李玉，2001）等栽培模式。20世纪90年代，黑木
耳露地摆放袋栽（彩图1-3）技术更加完善，工艺简便、生产成
本低、生产周期短，黑木耳产量稳定、品质较好，在东北等黑木耳
主产区迅速推广，逐步取代了段木栽培，成为目前我国黑木耳最主
要的栽培方式。目前，北方地区多采用短袋，选用的塑料袋规格为
（163±3）毫米×（360±20）毫米×（0.035±0.005）毫米；南方
地区多选用长棒，选用的塑料袋规格为（155±5）毫米×（540±
10）毫米×（0.05±0.005）毫米。

2010年，黑龙江省东宁县在多年栽培实践基础上，形成了更
加成熟的黑木耳棚室袋栽（彩图1-4）新技术，并且大规模应用
取得成功。黑木耳棚室挂袋栽培与露地摆放栽培相比，具有出耳环
境保温保湿效果好、土地利用率高、产品质量优、抗极端天气能力
强等优势，但棚室挂袋栽培菌包摆放密度大，通风差，光照不足，
栽培管理要求更高，管理难度更大。目前，黑木耳露地棚室挂袋栽
培技术模式还在不断改进完善，但发展势头迅猛，应用比例逐年提
高（王延锋等，2014）。

第二章

黑木耳生物学特征

一、黑木耳形态与结构

黑木耳菌丝体在马铃薯葡萄糖（PDA）培养基上呈绒毛状，白色、纤细、整齐。在显微镜下观察菌丝呈半透明状，分枝多，双核菌丝具有锁状联合。子实体胶质，呈褐色或黑色，丛生或单生，浅圆盘状、耳状、花瓣状或不规则形，新鲜时软嫩，富有弹性，半透光，干时强烈收缩，不透光，呈角质状、硬而脆，复水能力强。子实体腹面（子实层面）光滑，褐色或棕褐色；背面（不孕面）暗青褐色，颜色浅于腹面，外被有短绒毛，具脉状皱褶。子实体横切面有髓层，横切面显微结构分为六层，分别是柔毛层、致密层、亚致密上层、中间层、亚致密下层和子实层。孢子印白色。担孢子肾形或腊肠形，光滑、无色、薄壁，具有 1 个或 2 个大液泡（张鹏，2011；吴芳等，2015）。

子实体发育主要包括原基形成期（黑色瘤状物）、分化期（粒状物）、伸展期（耳状物）、成熟期（耳片展开但孢子尚未弹射）、生理成熟期（孢子弹射且耳片变薄、颜色变浅）。

二、黑木耳生活史

黑木耳为二极性异宗结合担子菌生活史。子实体成熟时，黑木耳腹面的子实层上长出大量的担孢子。担孢子萌发产生不同交配型的单核菌丝，不同交配型的单核菌丝经过质配形成具有典型锁状联合的双核菌丝。通过锁状联合使双核细胞分成两个子细胞，两个细胞核同时分裂，不同性质的细胞核分别进入子细胞内，菌丝就此不断伸长。在适宜环境条件下，双核菌丝不断生长发育，分化成为子实体。子实体成熟后，双核菌丝的顶端细胞逐渐发育成担子，又产生大量的担孢子弹射出来，这样的一个循环过程就形成了黑木耳生活史（图 2 - 1）。黑木耳的个体发育过程包括成熟子实体弹射担孢子萌发、初生菌丝、次生菌丝、原基和子实体 5 个阶段。

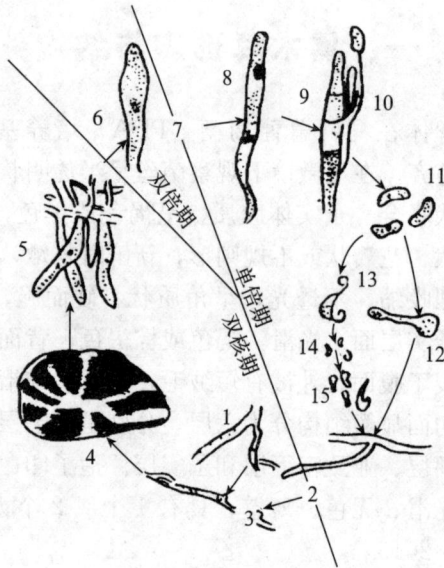

图 2 - 1 黑木耳生活史
1. 单核菌丝 2. 双核化 3. 双核化菌丝及锁状联合 4. 担子果 5. 幼小的双核担子 6. 核配 7. 减数分裂 8. 幼担子 9. 成熟的担子 10. 着生在小梗上的担孢子 11. 担孢子产生横隔膜 12. 担孢子直接萌发为（＋）或（－）单核菌丝 13. 担孢子间接萌发产生分生孢子 14. 马蹄形分生孢子 15. 分生孢子直接萌发为（＋）或（－）单核菌丝

三、黑木耳生长发育条件

黑木耳没有叶绿素，不能进行光合作用，要依靠其他生物体的有机物质作为养料，营养方式为腐生。自然条件下，黑木耳多生长在桑、槐、榆、栎、桦等阔叶树死树、树桩、倒木、枯枝或腐烂木上（李玉，2001），单生、群生或簇生。

（一）营养条件

1. 碳源　黑木耳能利用的碳源有纤维素、半纤维素、木质素、果胶、淀粉、葡萄糖、麦芽糖、蔗糖等。黑木耳栽培中碳源主要是基质中的纤维素、半纤维素、木质素等，它们广泛存在于各种树木和农副产品（如木屑、棉籽壳、玉米芯、豆秸等）中。黑木耳栽培基质以阔叶硬杂颗粒木屑为最优。

2. 氮源　黑木耳能利用的氮源有氨基酸、蛋白质、铵盐和尿素等。其中有机氮比无机氮更容易被黑木耳吸收利用。生产中多以麦麸、稻糠、豆粕粉和蛋白胨等为氮源。

3. 矿质元素　黑木耳生长发育需要的钙、镁、磷、钾、硫、铁、锰、锌等矿质元素广泛存在于培养料中，一般不需要额外添加。适当添加石膏和石灰可以在补充矿质元素的同时调节培养料的 pH。

4. 碳氮比（C/N）　适宜碳氮比是以菌丝和子实体的生长质量确定的。多年栽培实践证明，碳氮比为（90～140）∶1 适宜黑木耳栽培（张金霞等，2020）。

（二）环境条件

1. 温度　孢子萌发温度 13～32℃，最适宜温度 25～30℃。菌丝生长温度 5～35℃，最适宜温度 22～28℃，低于 15℃时菌丝生长缓慢，高于 30℃时菌丝生长过快、细弱而易衰退。子实体生长温度 15～35℃，最适宜温度为 20～25℃，低于 15℃生长慢，高于

28℃开片快、片薄色淡，超过 30℃时子实体易自溶或感病。

2. 培养料含水量和空气相对湿度　菌丝培养料适宜含水量为 58%～62%，适宜的空气相对湿度为 40%～60%；子实体形成时适宜的空气相对湿度为 85%～90%。

3. 空气　黑木耳生长发育要求空气清新，满足菌丝呼吸需要。

4. 光照　菌丝生长阶段要求黑暗或弱光条件。催芽阶段（子实体原基形成及分化阶段）需要有散射光刺激，子实体生长到生理成熟阶段可以有日照，阳光照射可抑制杂菌发生，光照不足时耳片颜色浅。

5. 酸碱度　黑木耳菌丝在 pH 4～8 时均能生长，最适宜生长 pH 范围为 5.0～6.5。在生产中常将灭菌前栽培料的 pH 调到 7.5～8.0，以缓冲灭菌造成的 pH 下降，菌丝生长过程中所产生的有机酸也会使栽培料 pH 下降。

营养物质、水分、氧气、温度、光照和酸碱等条件影响着黑木耳的整个生长发育过程，其中任何一个条件的劣化或异常都会影响黑木耳栽培效果。在实际生产中应创造适宜的营养条件和环境条件，尽量避免任何条件出现异常。

按照出耳季节不同，黑木耳栽培分为春季栽培、秋季栽培和部分地区的冬春栽培。我国黑木耳栽培规模大、区域范围广，栽培技术和配套设施多样（张介驰等，2022）。在黑木耳栽培过程中，只要掌握黑木耳的生长习性，了解生长发育各个阶段对外界环境条件的要求，以及各种环境因子间的相互关系，就能因地制宜、灵活科学地制定行之有效的技术措施，解决生产中的各种技术难题，创造有利条件满足黑木耳生长发育各个阶段的各种需求，实现科学管理，获得高产、稳产，提高生产效益。

第三章

北方（短袋）黑木耳
代料栽培技术

一、短袋黑木耳菌包制备技术

北方代料栽培黑木耳使用（16～17）厘米×（33～36）厘米的专用塑料袋作为承装木屑培养料的容器，成品菌包高度一般在22厘米左右，与南方长棒菌包相比称为短袋菌包。专用塑料袋（称为菌袋）为聚丙烯或聚乙烯材质，每袋紧实均匀装填培养料约1.3千克后用插棒或棉花、专用套环封口，再经高压或常压灭菌后冷却至25℃左右备用（称为料包）。无菌操作条件下接入原种（二级菌种）或液体菌种，在适宜环境中培养30～45天至菌丝长满培养料，再根据品种特性完成后熟管理，即完成短袋黑木耳菌包制备。

（一）生产配方

1. 原材料要求　原材料要不含芳香族化合物，无霉变、无虫蛀。适合黑木耳栽培的原料很多，木屑、枝丫、梢头和农产品的剩余物（如玉米芯、豆秸等）均可为栽培原料。麦麸、米糠、石膏等是黑木耳栽培的辅助原料。

（1）木屑选择　木屑以柞树（蒙古栎）、曲柳、榆树、桦树、色木、椴树等树种为好，杨树木屑次之。松树、樟树、柏树等树种的木屑中含有芳香族化合物，会抑制黑木耳菌丝的生长，因此不宜使用。多种硬杂木的木屑混合使用或木屑培养料中少量添加玉米芯、米糠、豆秸粉效果更好。新鲜木屑一般放置 1 个月或 2 个月以后再用较好。

（2）玉米芯　我国北方盛产玉米，玉米芯与木屑混合使用是栽培黑木耳的好原料。选择玉米芯最好用当年的，玉米芯添加量一般不高于培养料总量的 30%。

（3）麦麸和稻糠　麦麸和稻糠是黑木耳栽培原料中的主要氮素来源。稻糠应使用米业加工时的细糠（除去稻壳部分，又称油糠）。材料要求新鲜、无霉变。

（4）豆粉和豆粕　豆粉和豆粕可以部分替代麦麸和稻糠使用，添加量一般为 2%～3%。在使用豆粉和豆粕时尽量粉碎成小粒，拌料时要均匀一致。

（5）石膏和石灰　石膏和石灰是栽培原料中钙离子的主要提供者，同时可调节培养料酸碱度。添加量依据原料特性适当调整，一般添加量为 1%。

2. 培养料配制原则　不要盲目添加营养物质，过量添加营养物质易引起杂菌感染，以及发菌过程过度发热、菌丝疯长和后期出耳质量差甚至不出耳等问题。从选料开始就要选择无霉变的原料，最好在使用前于烈日下暴晒 1～2 天。高温天气生产时要选择一天中气温较低的时候拌料装袋，避免高温造成杂菌过快繁殖。

（1）碳源选择要科学　最好选择材质坚硬、边材发达的阔叶树种木屑。木屑粒度小，装袋后透气性差；木屑粒度大，装袋时易扎袋，因此粗、细木屑最好混合使用。粗木屑持水性不好，细木屑通风不良，粗、细木屑混搭既可增加培养料的通气度，又可保持培养料的持水性。混有柴油、胶黏剂等化合物的木屑不宜使用。

（2）氮源选择要合理　氮源一般为麦麸，用量 8%～15%。也可以使用豆饼粉、豆粉、米糠等，用量根据含氮量做相应调整。

（3）培养料配比要精准　配制培养料要把各组分拌匀且水分适当。以配制 1 000 袋黑木耳栽培菌包为例，可参考以下方法确定用料量。

①确定选用菌袋规格和应用配方。选用栽培菌袋规格 16.3

厘米×35 厘米，装料高 22 厘米，含水量 58%，每袋湿料重 1.30~
1.35 千克。原料配方为木屑 86%、麦麸 10%、豆粕 2%、石膏
1% 和石灰 1%。

②计算绝对干料用量。培养料总重为 1 300 千克（1 000 袋×
1.3 千克/袋），按照含水量 58% 控制，则绝对干料占比为 42%
（100%－58%），质量为 546 千克（1 300 千克×42%）。计算各组
分绝对干料质量分别为：木屑 469.56 千克（546 千克×86%）、麦
麸 54.6 千克（546 千克×10%）、豆粕 10.92 千克（546 千克×2%）、
石膏 5.46 千克（546 千克×1%）、石灰 5.46 千克（546 千克×1%）。

③计算风干原料用量和用水量。由于大部分培养料是以风干原
料的形式销售应用的，因此要根据其实际含水量进行折算。如麦麸
和豆粕原料产品的含水量约为 10%，进行含水量折算后麦麸风干
原料的需求量是 60.7 千克 [54.6 千克÷（100%－10%）]，豆粕
原料质量是 12.1 千克 [10.92 千克÷（100%－10%）]。而石灰和
石膏含水量低且用量少，含水量忽略不计，不必修正。木屑原料含
水量波动大，应在使用前实地测定含水量，并根据实测值折算出其
需求量。最后所有风干原料的质量总和与培养料总质量（1 300 千
克）的差值，即是需要补充的拌料水的质量。

（4）培养料含水量要合适　培养料含水量一般为 55%~60%
比较适宜。简单测试方法是用手紧握拌好的培养料，在指缝间有水
滴出现或仅有 1 滴或 2 滴水滴下，以松手时培养料呈团状、拨动料
团散开为宜。如水滴较多则表明含水量较高，应添些干料重新拌
匀。为了让木屑充分吸水，可在配制前加水预湿。机械拌料时要充
分搅拌混匀，一般要经过一次混拌和二次混拌，拌料时间应在 30
分钟以上。

（5）生产操作要高效　从拌料到装袋应控制在 4 小时以内完
成，且当天装袋要当天灭菌，防止长时间放置而导致培养料中的杂
菌滋生、消耗培养料中营养成分、产生有害物质、培养料发生酸变
等，造成灭菌难度加大，接种后菌丝不萌发、生长缓慢，降低生产
菌包成品率。

3. **固体二级种培养料配制**

（1）**木屑二级种培养料配比**　木屑 83％、麦麸（或米糠）15％、白糖 1％、石膏 1％。菌种长好后可较长时间存放，不易老化，后期栽培出耳时不易在接种点处感染杂菌。木屑二级种菌丝培养生长周期长。

（2）**谷粒二级种培养料配比**　配方为麦粒、玉米等粮食谷粒100％；或者麦粒和玉米等粮食谷粒 84％、麦麸（或米糠）15％、石膏 1％。其优点是菌种易萌发，生长速度快，发菌周期短，二级种转接三级种时接种操作使用方便。其缺点是菌种易老化、不宜长期存放；谷粒彻底灭菌难度大，杂菌检测较困难，尤其是细菌感染不易被发现；谷粒营养丰富，杂菌易于在此处滋生，导致菌包感染杂菌。

（3）**枝条二级种培养料配比**　配方为枝条 100 千克（水或蔗糖水浸泡），麦麸（或米糠）25 千克，石膏 1 千克；木块（或枝条）100 千克，木屑 18 千克，米糠 10 千克，蔗糖 1 千克，石膏粉 0.5 千克。枝条二级种转接三级种操作方便，转接数量多，三级种发菌时菌龄一致。黑木耳枝条菌种见彩图 3-1，黑木耳枝条菌种剖面见彩图 3-2。

4. **菌包培养料配制**

（1）**培养料配方**　目前北方地区黑木耳短袋栽培常用的培养料配方较多，以下供参考使用。

①木屑 87％，麦麸（米糠）10％，豆粉 2％，石膏 0.5％，白灰 0.5％。

②木屑 58％，玉米芯 30％，麦麸 10％，豆粉 1％，石膏 0.5％，白灰 0.5％。

③木屑 58％，豆秸粉 30％，麦麸 10％，豆粉 1％，石膏 0.5％，白灰 0.5％。

④木屑 86.5％，麦麸 10％，豆饼 2％，石灰 0.5％，石膏粉 1％。

⑤木屑 77％，稻糠 20％，豆粉 2％，石膏 0.5％，白灰 0.5％。

⑥木屑 77.5%，麦麸 10%，稻糠 10%，豆粉 1%，石膏 1%，白灰 0.5%。

（2）培养料配方选择 培养料配方要根据原材料情况和试验应用效果确定，配方选材要因地制宜，选当地易得的原料以减少成本，不可盲目听信他人经验而照抄照搬。不同菌种、不同地区气候特点对培养料要求有差异，盲目添加一些所谓的营养物质会导致培养基碳氮比失调，影响生长和产量。

（二）液体菌种生产

黑木耳液体菌种生产流程：摇瓶菌种制作→发酵罐清洗（空消）→发酵培养基配制→发酵罐装料→灭菌→降温→接种→培养→取样检验。不同液体菌种发酵设备操作方法有差异，具体流程应以设备使用说明书为准。

1. 摇瓶菌种制作 配制液体培养基，推荐配方为马铃薯煮汁 20%、麦麸煮汁 4%～5%、红糖 1.2%～1.5%、葡萄糖 1.5%、磷酸二氢钾 0.2%、硫酸镁 0.1%、蛋白胨 0.3%、维生素 B_1 20 毫克/升。摇瓶装料系数 20%～40%，用棉塞封口。棉塞外包纱布和牛皮纸，高压锅内 121～126℃（0.11～0.15 兆帕）灭菌 30 分钟。

培养基温度降至 30℃以下时接种，每瓶接入边长为 0.1～0.2 厘米的 PDA 母种菌块 15～20 块。接种后的摇瓶在 23～25℃条件下振荡培养，转速为每分钟 120～140 转。一般 7～10 天即可长好，出现大量均匀菌球。

合格的摇瓶菌种应菌球形态大小均匀、活力旺盛、毛刺明显，静置 5 分钟后菌球占菌液体积的 80%以上且不分层。菌液中除菌球以外无其他固形物，菌液由前期的微浑浊变得透明，多数是浅黄橙色。菌液气味为特有的清香味。摇瓶菌种放在 20～25℃的条件下静置 48 小时后，表层菌种萌发且无其他颜色孢子。

2. 发酵罐清洗 发酵罐生产结束后和再次生产前用清水冲洗或用清洗剂清洗。除去残余菌球、菌块、料液等污物及加热棒上的糊料。检查阀门、加热棒、控制箱、空压机组等是否正常，如有故障须及时排除。

如初次使用或者上一批次发酵染菌时，应彻底消毒灭菌发酵罐及附属管路，空消1~2次；正常生产时只需将罐洗净就可进入下批次生产。

3. 发酵培养基配制　以马铃薯麦麸复合培养基为例，简要介绍配制方法。

（1）马铃薯　加入比例为10％。要求马铃薯新鲜、无霉烂、不生芽、不变绿，挖芽去皮洗净后切长2~4厘米的条或片煮至酥而不烂时，用8层纱布或100目不锈钢网过滤，取滤液备用。

（2）麦麸　加入比例为3％~5％。要求麦麸新鲜、无霉味或其他异味，粒度达到15~20目。加水煮沸30分钟后用8层纱布或100目不锈钢网过滤，取滤液备用。

（3）其他辅料　红糖占比1.2％~2％；葡萄糖添加比例1％~1.5％；蛋白胨添加比例0.15％~0.3％；磷酸二氢钾和硫酸镁添加比例0.1％~0.2％；将维生素B_1碾成细末加入，用量为10mg/L；消泡剂使用量0.3毫升/升；聚氧丙烯甘油（泡敌）直接加入培养基内，也可以用食用油替代。

制作过程：先加入主料马铃薯和麦麸滤液，再加入少量水溶解的磷酸二氢钾和硫酸镁，最后加入红糖、葡萄糖、蛋白胨、维生素B_1等原料，加水补齐发酵培养基总量，最后加入消泡剂。

4. 发酵罐装料　关闭排料阀、取样阀、进气阀和接种阀，将料液从发酵罐的人孔或手孔倒入或导入发酵罐，加水调整料液量至额定要求，装料后罐内溶液量为罐体容积的75％~80％。发酵罐定容后应立即灭菌。

5. 灭菌和冷却　对发酵罐内培养基及附属管路结构进行灭菌。实践生产中既有将发酵罐整体移入灭菌柜的灭菌方式，也有通过外接蒸汽通入发酵罐或者利用罐内液体产生蒸汽的灭菌方式。这里以外接蒸汽通入灭菌方式为例，简要介绍操作方法。①装料完毕后锁紧罐口，打开夹层冷却水进口和出口，放空夹层水，打开排气阀。

确认外接蒸汽压力不低于 0.4 兆帕，排掉分汽缸和蒸汽管道内冷凝水。②打开空气进气阀，调整进气压力为 0.1 兆帕进行通气搅拌。打开罐底部蒸汽进气阀（若蒸汽压力高，打开 1/2 即可）通入蒸汽，待罐温升至 90℃时关闭空气进气阀，待罐温升至 121℃时先关闭蒸汽，再关闭排气阀（升温过程中排气阀始终完全打开）。③调节蒸汽通入量和排气量，维持温度稳定在 121～123℃并开始计时70～80 分钟。计时结束后关闭蒸汽入口，打开排气阀泄压，夹层接入循环水或自来水开始冷却。待罐压低于 0.05 兆帕时即打开空气进气阀通气搅拌，调整进气压力为 0.1 兆帕。排气阀关闭 1/2，待温度降至培养温度时，关闭夹层进水和出水口，冷却结束。注意在冷却过程中保持罐压大于 0.01 兆帕，防止负压倒吸。

6. 接种培养　把接种用物品如手套、菌种瓶体用 75％酒精充分擦拭消毒，接种火圈备好并浇足 95％酒精。逐渐开大排气阀，待培养器压力降至接近于 0 时，迅速关闭排气阀并点燃火圈，在火圈保护下旋开接种盖，在火焰上方将菌种摇瓶棉塞拔下，快速向接种口内倒入菌种后立即旋紧接种盖。打开排气阀并维持罐压 0.02兆帕左右，检查培养温度即可进入培养阶段。

根据不同品种设定培养温度为 22～28℃、罐压 0.02 兆帕左右。培养 24 小时后每隔 12 小时从接种口取样观察菌种萌发和菌丝生长情况。液体菌种发酵罐见彩图 3-3。

7. 液体菌种质量检验　液体菌种质量检验包括感观检测、显微镜检测、培养皿培养检测和料包（瓶）培养检测等。

取样静置 5 分钟后观察。随着培养时间的延长，菌球体积占比逐渐增多，最高达 80％～100％，菌球周边毛刺明显。料液气味正常，香甜味逐渐变淡，菌丝特有味道渐浓。料液颜色变浅、澄清透明，料液中物料颗粒或絮状物减少。

用显微镜检验菌丝形态、生长分枝情况，是否具有锁状联合或发现空泡菌丝等，同时检查是否感染杂菌。

无菌条件下将菌液接种到 PDA 平皿培养基上，28℃培养 24～72 小时，观察菌丝生长及杂菌情况。同时接种蛋白胨平皿培养基，

37℃培养 24 小时，观察是否存在细菌感染。

培养后期取灭菌料包 2 袋（瓶），在无菌条件下接入菌液 20 毫升，置于 28℃条件下培养，观测菌丝萌发和生长情况。一般接种后 12 小时萌发、24 小时吃料为健壮菌种。

通过以上检验，确定液体菌种达到质量要求后即可接种。黑木耳液体菌种形态见彩图 3-4。

（三）二级菌种生产

用固体菌种生产黑木耳菌包时，需要由母种扩繁生产二级菌种，再由二级菌种接种生产栽培菌包。木屑种、谷粒种及枝条种等二级菌种的差异在于培养料基质种类或形态不同，但灭菌、冷却、接种及菌种培养等生产方法都与栽培菌包基本相同。为减少内容重复，这里仅就生产差异部分进行说明，整体生产过程参照菌包生产方法。

1. 木屑二级菌种生产　木屑二级菌种早期多使用 500 毫升葡萄糖注射液药瓶为容器，目前主要使用规格为 16.5 厘米×（33～35）厘米的专用聚丙烯菌袋作为容器。

木屑二级菌种手工装瓶时一边将料送入瓶中，一边用手捏着瓶颈不断震动，直至料装至瓶口，然后将瓶在木屑堆上向下用力震动几下，再用扁形铁钩将培养料表面按平，压紧到瓶肩处，最后用木棒在料面上扎一洞穴，约至料深的 4/5。擦净瓶口内外残余培养料，塞上棉塞后及时灭菌、接种和培养。使用聚丙烯袋时则要求装料松紧适度、均匀一致，严禁装料过紧造成料袋表面扎出微孔，引起后期杂菌感染。

2. 谷粒二级菌种生产　生产谷粒二级菌种应使用 500 毫升葡萄糖注射液药瓶作容器，因注射液药瓶透明，易及时发现异常情况，而且其强度高，不易出现破裂微孔。新鲜小麦、玉米等谷粒原料应过筛去除杂质，用 80℃水煮 2 小时以上，达到将谷粒煮透而又不破肚开花的程度。捞出沥干，加入其他成分拌匀，装瓶至约 2/3 处。擦净瓶口后用棉塞封口。灭菌时将瓶口向上直立摆放，在瓶上盖耐高温塑料薄膜，防止棉塞潮湿导致后期染菌。生产规模较大可采用专用设备分装，使用专用聚丙烯袋作为容器。

3. 枝条二级菌种生产 枝条二级菌种的优点是菌丝健壮、接种快速、萌发快、透气好、接种量大等。枝条选用硬杂木加工而成，也可以直接使用雪糕棒，一般长度在 15 厘米左右，一个标准菌种袋可以装填 200 支左右。

将枝条用 1% 的石灰水浸泡 24 小时左右，充分吸足水分，用细木屑按照二级菌种配方配制木屑培养基，再与枝条进行混匀，使枝条表面尽可能附着木屑培养基。处理后的枝条打捆填充到菌种袋中，做到紧实透气，整齐一致，封口端枝条表面再覆盖少量木屑培养基，使用带有瓶肩的无棉盖体封口。袋面清理干净后，装筐上架进行高压灭菌，灭菌、接种、培养均与谷粒二级菌种相同。经过 1.5～2 个月的培养，待菌丝长满菌种袋并长到木块或枝条内即可。

（四）菌包生产

按照比例称取原料，对颗粒木屑、玉米芯等难于吸水的原料要在混拌前进行预湿，使其颗粒完全吸足水分。木屑可以采用集中喷洒翻堆，使其湿度达到 50% 左右；玉米芯可以采取浸泡方式确保充足吸水。先将辅料与部分主料混拌均匀。机械混拌时可以将所有组分按比例加入拌料仓进行预混。

预混完成后根据不同培养基需水情况进行加水调湿。如果培养料预混后湿度较稳定，可以采用定量给水，否则需要根据原料搅拌程度及时判断含水量。为保证拌料均匀，一般需要搅拌 30 分钟以上和多次判定水分情况。可以采用水分速测仪进行判定，也可请具有经验的技术人员帮助判定。水分偏低时适当增加给水量，水分超标时加入混匀的干料进行调节。

1. 装袋 可根据原料情况、配套设施情况选择使用专用的聚乙烯菌袋或聚丙烯菌袋，常见的规格有（16～16.5）厘米×（36～39）厘米。装袋要求料包的松紧度、高度、重量达到标准并一致。料包封口方式有塑料棒打孔封口、无棉盖体封口、棉花封口。在灭菌时塑料棒封口菌包要倒立于周转筐内，防止在灭菌过程中袋内积水。装袋后要及时灭菌，防止培养料长时间存放导致酸败。

2. 灭菌　一般小型农户生产常采用常压灭菌。料包进入灭菌锅后，锅内温度应在 4 小时内升高到 100℃，排净冷空气并维持 8～12 小时，其间不可以出现掉温现象。

工厂化企业及大型菌包厂常采用高压灭菌，配套高压蒸汽锅炉，灭菌彻底，生产效率高。灭菌温度 115～125℃并维持 2～3 小时。灭菌过程中应防止突然排气或温度、压力过高，防止造成料袋（瓶）胀袋破损或熔化。

灭菌后料包要进行灭菌效果检测。随机抽取灭菌后的料包置于 28℃条件下培养 72 小时以上，如出现杂菌菌落、异味、料包变软等不正常现象，则说明灭菌彻底，需要进一步检查染菌原因并进行相应处理。

3. 冷却、接种

（1）冷却　灭菌后料包闷锅 2 小时左右或锅内温度降到 80℃时应及时排潮出锅，料包及时移入冷却室。工厂化企业的冷却一般分为两个阶段，第一阶段自然冷却，降温至 70℃左右，主要是通过过滤进新风降温，保证相对无菌环境。第二阶段强制冷却，使用大功率空调机组降温，以内循环为主，将料包温度降到 25℃。冷却过程要求环境整洁，防止冷却过程中料包受到杂菌污染。工厂化企业冷却室过滤进风口与回风口应合理设置，避免出现局部降温不良情况，同时降温过程配合紫外线、臭氧杀菌，保证洁净冷却。

（2）接种　接种是料包转为菌包的重要节点，确保接种成功率需要高洁净度的接种室和接种环境。接种人员进入缓冲室后用酒精擦拭手部消毒，换上无菌工作服，戴好口罩和无菌帽，通过风淋门进入接种室。菌种袋或菌种瓶应擦拭消毒后移入接种室，接种工具和用品等都需要提前消毒处理。

在百级无菌操作空间内打开菌种，使用接种枪、接种勺、接种耙等将菌种接入料包。一般两人配合，接种后迅速封口，尽量减少培养料开口暴露时间。大型菌包厂及工厂化企业多使用全自动无人固体或液体接种机，翻筐、拔棒（打孔、开盖）、接种、封口自动完成，接种均匀一致，接种成功率接近 100%。

　　冷却室及接种室要定期进行无菌检验，一般 3 天左右检验 1 次。使用平面培养皿五点法放置，打开培养皿盖，分别暴露 15 分钟、20 分钟、30 分钟后再盖好，做好位置和时间标记，以没有开盖培养皿为对照，置于 32℃ 恒温箱内培养 3 天，观察菌落数。开盖 30 分钟菌落数不超过 3 个为合格环境。

　　4. 发菌管理　发菌是指菌包中黑木耳菌丝在适宜条件下萌发、生长、分解积累营养物质，直到菌丝成熟的培养过程。

　　（1）环境条件　黑木耳菌丝萌发生长需要适宜的温度、充足的氧气和适宜的水分。发菌过程时长因培养料营养、菌种形式、接种量等差异而有所不同，一般黑木耳菌包发菌需 40～50 天。

　　黑木耳菌丝适宜生长温度为 22～25℃。在发菌过程中环境温度控制应掌握"前高后低"原则。萌发定殖期 5～7 天温度控制在 26～28℃，让黑木耳菌丝尽快萌发定殖，增加成品率；快速生长期菌丝代谢旺盛，温度控制在 24～26℃；后期随培养时间延长适当降低温度，当培养 30 天后菌丝基本长满时，温度控制在 22～24℃。由于菌丝生长发育产生热量，菌包内菌丝基质的温度比培养室环境温度高出 1～3℃，因此温度控制应以菌包内温度为准。同时，还应该加强培养室内气体循环以保证环境温度均匀恒定。黑木耳菌丝长满菌包后还需要后熟培养，后熟培养条件因品种特性不同而有所区别。现实生产中，通常根据菌包生产时间和计划出耳时间，将黑木耳菌丝生长后期、后熟培养和菌包短时储存综合管理，通过调整培养室温度来调控菌丝生长速度，达到低温强菌、合理后熟和无损储存的效果，确保黑木耳菌包在出耳前达到最佳状态。

　　发菌培养环境空气相对湿度过低会加快黑木耳菌包中水分散失，影响菌丝萌发和生长；相对湿度过高则会造成杂菌感染概率增大。正常保持空气相对湿度在 35%～50% 即可。

　　黑木耳是好气性真菌，在空气新鲜条件下才能生长良好。通风应掌握"先小后大、先少后多"的原则。发菌培养前 7～10 天可每天中午通风一次、每次 1 小时，逐步增加到每天早、中、晚各通风一次、每次 1 小时，越到后期越要注意加强通风。发菌环境二氧化碳浓度不可长时间超过 0.2％。菌包摆放密度大的发菌室要安装排风扇主动换气。另外，注意通风换气方式，避免引起发菌环境温度和相对湿度过大波动。

黑木耳菌丝在黑暗条件可正常生长。发菌后期光照会诱发原基形成、消耗营养，因此发菌环境应注意避光。

（2）管理要点　随着发菌时间的延长，各个阶段的管理操作要求有所不同，应根据菌包内菌丝生长阶段进行差异化管理。

发菌室要提前杀菌消毒，减少杂菌污染概率。消毒可采用物理、化学方法相结合的方式，先清洁室内四壁和地面，及时更换进风过滤网和过滤器，清理新风管道，可使用移动式臭氧机消毒 2 小时，再使用无残留的熏蒸杀菌剂进行杀菌处理，最后应进行平板检测，确保发菌室洁净。

菌包要及时移入发菌室内，一般叠放不超过 4 层。菌包培养密度一般为每立方米 150 袋，过密会造成发菌中后期菌包乏氧。预留通风间隙和人员通道，确保发菌室内没有通风死角、各位置空间环境条件一致。单个发菌室面积不宜过大，最多存放连续 2 天生产的菌包量。

菌包移入发菌室后应保持温度适宜，培养架上下保持温度均衡。大型净化发菌室利用循环风确保室内温度一致，小型发菌室可使用顶部风扇或轴流风机均衡室温。接种后萌发阶段菌丝生长量小、需氧量少，发菌室内氧气充足。此阶段重点以保温为主，空气相对湿度控制在 40％ 左右。萌发阶段杂菌侵染风险最大，应防止在封口和袋壁微孔滋生杂菌。相对干燥的空气可以将微孔局部脱水干燥，有利于防止已侵染的杂菌孢子萌发。萌发阶段要注意检查菌种萌发情况，对于接种污染、接种后菌种死亡及漏接等菌包要及时处理。

经过 7 天左右培养，菌种已完全萌发并吃料转入生长阶段，此阶段可细分为菌丝加速生长、旺盛生长和减缓生长 3 个阶段。

①加速生长阶段。菌丝萌发后逐步向培养基质内生长，分解利用培养料内营养物质，生长速度逐渐加快，菌丝生长产热增加，易造成培养料内温度逐渐升高。因此，菌包上架 7～10 天后，发菌室温度应适当下调。培养 10～15 天后各种污染菌包陆续表现不同症状，要经常检查，及时处理或移出发菌室。对于单个或小污染点可以采用注射浓石灰水的方法控制扩散。

②旺盛生长阶段。经过加速阶段 10～15 天的生长，菌丝基数加大，生长量快速增加，产热量大，易使菌包及周围环境温度迅速升高。若不及时采取降温措施，就会导致菌包内培养料温度异常升高，产生"烧菌"现象。因此，应继续下调发菌室温度、加强通风，防止菌丝受害甚至死亡。如果层架式培养的菌包温度过高，应及时进行倒堆和疏散摆放，防止料温过高。菌丝旺盛生长阶段一般会持续 7～15 天，要结合通风管理做好发菌室内温度调控。

③减缓生长阶段。经过 30 天左右发菌培养，菌包内菌丝逐步长满，可利用培养料量逐步减少，基质氧气供应效率减弱，菌丝生长速度减缓，产热量相对降低，表现出培养料温度趋于稳定或开始降温。此期可维持较低的发菌室温度，减慢菌丝代谢活动，但仍保证菌丝进一步分解基质和积累营养。虽然此阶段生长速度减缓，但是由于菌丝基数增量，呼吸作用依然很强，必须做好发菌室内通风换气，保证氧气充足。由于菌丝遍布菌包表面，对光照敏感，必须维持暗光条件。

菌丝成熟阶段是指经过 35～50 天培养，菌丝已经长满，但内部菌丝数量仍在不断增加，仍在进一步分解基质的阶段。菌丝满袋后要开始降温，控制在 15～20℃，保证菌丝缓慢生长，逐步由营养生长转向生殖生长、扭结形成原基。

大型专业工厂化菌包生产的发菌过程可有效利用现代化的设施设备，创造适宜的发菌环境，为提高出耳质量和效益奠定坚实基础。

（五）常见问题与应对措施

1. 截料　截料是指在发菌过程中，菌丝长至培养基中部或中下部，不再向下生长的现象。其主要形成原因包括以下几点：①培养基灭菌不彻底。由于灭菌不彻底，培养料中的杂菌，特别是细菌没有被彻底杀灭。在接菌初期由于杂菌基数小，不会影响黑木耳菌丝萌发和吃料，但随着发菌时间加长，杂菌大量繁殖，就会与黑木耳菌丝形成拮抗，表现为黑木耳菌丝生长停止。此时打开菌包，未长黑木耳菌丝的培养料会有一种酸臭的味道。②培养温度过高。当培养温度超过黑木耳菌丝生长最适温度时，菌丝生长缓慢，叠加通风供氧等因素的影响，更会导致菌丝停止生长。此情况多发生在发菌中期。此时降低发菌室环境温度、加强通风，1～2 天后菌丝可重新生长。③发菌室通风不良。发菌室菌包摆放过密，菌丝旺盛生长时需氧量大。通风不良会造成氧气供应不足、菌丝生长缓慢直至停止生长。此时可增加通风量和调整菌包密度，菌丝可重新恢复生长。④培养料水分含量偏大。菌包内培养料水分含量偏大，水分没有与固体基质均一结合，导致在发菌期间水分受重力作用下沉、下部基料水分含量更高，造成黑木耳菌丝生长缓慢甚至无法生长。

2. 菌种不活 菌种接入菌包后，正常情况下 1～2 天就会萌发吃料定殖。如果迟迟未能萌发，其原因可能有以下几点：①菌种质量不好。菌种种性退化或由于菌种生产方法不当造成质量下降。②菌种已死亡。若接种器通过酒精灯火焰时操作速度缓慢，会使菌种因高温死亡；或者是菌种生产储存方法不当造成菌种死亡。③培养料冷却不彻底。料包灭菌后急于接种，仅仅用手摸料包表面温度不高时即开始接种。菌种接入后培养料中心的余热渐渐放出，使菌种受热过高死亡。④培养料水分偏低。培养料水分含量偏低，接种后菌种本身水分反而被培养料吸收，加之菌种水分自然蒸发，使菌丝干燥失去生长能力。有的是因接种穴打得太浅，菌种暴露穴外造成干枯致死。⑤培养料酸碱度不适。黑木耳菌丝最适 pH 是 $5.0～6.5$。培养料基酸碱度不适会造成菌丝不萌发、生长慢、长势弱。产生培养料 pH 不适的原因：一是制培养基时酸碱度不合适；二是灭菌时间过长造成营养物质成分变化，导致培养料整体 pH 降低。

二、春季栽培技术

黑木耳生长季节性很强，北方地区一年可以安排春秋两季栽培出耳，在生产安排上应做到春茬尽量提前、秋茬适当拖后。春季栽培指的是采取冬春季制种养菌、春夏季栽培出耳的生产方式。春季栽培一般选择生育期长、产量高、综合性状优良的品种，尽量选择省级及以上相关部门审（认）定或登记（备案）的品种，可选择黑 29、吉 AU2 号、牡耳 1 号、牡耳 2 号、延特 5 号、黑威 15 等。

（一）露地摆放栽培技术

1. 生产计划制订 黑木耳栽培时间，主要是根据黑木耳菌丝生长和子实体发育所需的最适环境条件来确定。应充分考虑黑木耳菌丝培养期和子实体培养期的时长与环境气候的适应性，尽量避免高温期养菌和出耳，具体安排上要考虑品种类型、装料形式、封口方式和培养环境等因素对菌包生产周期的影响，再根据出耳场地的环境气候变化规律，灵活制订生产计划，切不可盲目照抄照搬、一概而论。

合理安排制种时间和栽培季节是地栽黑木耳优质高产的前提条件。一般春季日均气温 10～13℃为菌包开口催芽的有利季节。以黑龙江省牡丹江地区为例，4 月下旬开口催耳芽最佳。若晚于 5 月 15 日开口催耳芽，则导致黑木耳旺盛生长期正处于高温高湿季节，不仅菌包易感染杂菌，而且子实体耳片薄、色黄，降低产品质量和产量，管理不当甚至造成绝产。因此春季生产应"宜早不宜迟"。一般为前一年的 9 月或者 10 月开始制备母种，10 月至当年 2 月制作原种，当年 3 月末前接种生产栽培菌包，长满后后熟 15～20 天后，根据当地气候条件于 4 月末至 5 月初排场开口，开始催芽管理。

2. 菌种制备 菌种制备指的是二级菌种、三级菌种和液体菌种的制作，生产流程包括原材料与培养基配制、拌料、装袋、灭菌、接种、培养等环节。春季与秋季黑木耳栽培菌包培养基配方稍有差异，培养基配方中氮源含量秋季栽培要适当低于春季栽培，pH 和含水量秋季栽培要适当高于春季栽培，春季栽培培养基 pH 6.5～7，含水量 55%～57%；秋季栽培培养基 pH 7～7.5，含水量 58%～60%。

3. 栽培管理

（1）栽培设施　栽培设施指的是田间出耳管理设备及设施，包括菌包开口机、传输搬运设备、水泵、喷水带（管）、喷头、遮阳网、草帘、地膜、塑料布、露地出耳场、晾晒架、产品储藏库等设备、物资和设施。

（2）栽培场地　黑木耳露地摆放栽培场地应选周围环境清洁、远离污染源、空气流通、光照充足、水源近、水源洁净（符合生活饮用水标准）、排灌方便以及运输便利的田块或缓坡地。露地摆放栽培场地见彩图 3-5。

（3）菌床整地和消毒　平整做床，菌床要求中间略高，两边低，呈龟背状，压实。床高 0.15～0.20 米、宽 1.2～2.0 米，长度根据场地而定，过道宽 0.45～0.55 米。床与床之间的过道要与排水沟相通，以便及时排水。在菌包下地之前，床面要缓慢浇重水一次，使床面吃足水分。用 1：500 倍甲基硫菌灵溶液喷洒或者薄撒一层生石灰。在菌床中间安装微喷设施，喷洒面覆盖所有菌包，床面覆盖打孔地膜、防草地布等。

（4）菌包进场及菌丝恢复　一般夜间最低气温稳定在 3℃以上时（牡丹江地区 4 月下旬至 5 月初）菌包开始下地。菌包拉到栽培场地，要将菌包按 2 行 4～5 层横卧墙式摆放到出耳床上，盖上塑料布，然后再盖草帘或遮阳网，每天加强通风换气，持续 3～5 天，菌丝逐步适应出耳场地的环境气候。菌包从室内搬到田间过程中，菌丝会颜色变暗，不同程度出现"袋料分离"的现象，经过 3～5 天管理，菌丝得以恢复，菌丝变白。

（5）开口　不同开口形式、开口数量、开口深度对黑木耳的产量、朵形均有一定的影响。开小口具有产出的黑木耳耳根小、朵形

24

好、质量好等优点。菌包开口过浅，耳片虽然没有根，但易脱落；菌包开口过深，耳芽形成较晚，延长耳芽形成期。一般采用机械开口，开"/"（斜杠）、Y、O、V等形的小口，开口直径 0.4～0.6 厘米，深度 0.5～0.8 厘米，每个菌包（装袋 21～22 厘米高）的开口数量为 180～260 个。

（6）催芽　催芽阶段应坚持"保湿为主、通风为辅、湿长干短、后期增湿"的原则。催芽方式主要有 3 种：室内集中催芽、室外集中催芽、室外直接摆袋催芽。可根据实际情况选择催芽方式。一般栽培量比较少、具备棚室条件的栽培户，可选择室内集中催芽；没有条件、房间比较紧张、栽培量特别大的栽培户，可选择室外集中催芽或室外直接摆袋催芽。

①室内集中催芽。室内集中催芽是指在室内或大棚进行催芽。室内催芽可以避免室外环境条件等剧烈变化，有利于调节温度、湿度、光照等条件稳定在适合原基形成的环境。菌丝愈合快，耳芽整齐。室内催芽既适合春季栽培，又适合秋季栽培。春季栽培采用室内集中催芽，采耳时间可以提前 10～15 天，提高春耳栽培子实体的质量和产量；秋季栽培采用室内集中催芽，延长秋耳栽培子实体采收时间，增加产量。催芽房屋或大棚要保持清洁干净，光照充足，通风良好，并提前 3 天进行消毒。菌包经消毒处理、划口后立式摆放在室内床架上，袋间距 5 厘米。催芽期保持室内温度 18～25℃，相对湿度 70% 以上，一般在 10 天左右就可形成"黑线"（彩图 3-6）。室内催芽应及早下地，下地时分散摆开并用微喷及时喷水，防止耳芽干缩。具体管理方式如下：开口后 4～5 天，控制室内温度为 20～25℃，促进菌丝体的恢复，待开口处菌丝变白封口后，可将温度降至 20℃ 以下，夜间通风加大昼夜温差，促进耳基形成；菌丝恢复阶段空气相对湿度控制在 70%～75%，之后逐渐加大空气相对湿度至 80% 以上，每天早晚向地面、空间喷水，喷水前通风。

②室外集中催芽。黑龙江省春栽主要采取室外集中催耳方式，将已经开口后的菌包，接菌口朝下、间距 2～3 厘米集中直立密摆

在菌床上，盖上塑料布，然后再盖草帘或遮阳网，调控环境温度15～25℃，空气相对湿度80%～90%。如遇高温天气（25℃以上）应往草帘上浇水降温，或将四周的塑料布掀起，以利于通风降温降湿，防止塑料布内形成高温高湿环境利于杂菌形成。非高温天气（25℃以下）通风不能过勤，以早晨通风一次为宜，每次20～30min，水分不够要及时补水，以用手触摸菌包、手掌上有水痕但不往下滴为宜。一般10天左右，芽口出现"黑线"，标志着原基已形成。继续管理5～7天，长至米粒大小（彩图3-7）以后，原基上面开始伸展出小耳芽。耳芽长到0.5厘米左右时，根据气温情况，白天可以撤去塑料布，盖草帘或遮阳网浇水保湿，早晚通风。

③室外直接摆袋催芽。室外直接摆袋催芽是适合于低洼地块、林下栽培和高温高湿季节的秋季栽培。当黑木耳栽培种长满，后熟10～15天，菌丝生长达到生理成熟以后，用1%的高锰酸钾水溶液消毒处理、开口，摆在铺好薄膜的床上，袋间距10～12厘米。摆放后覆盖草帘或遮阳网（遮光率约为75%）。在此期间，每天向草帘上喷水，保持草帘潮湿，但不要有水滴到菌包上，做到草帘湿而不滴。10～15天，割口处黑线突起，耳基形成。温度控制在25℃以下，空气相对湿度控制在80%～85%，温度超过28℃时，可通过浇水和加盖草帘降温。注意草帘湿度，往草帘上浇水要做到少浇、勤浇。

（7）分床　室内集中催芽和室外集中催芽要适时分床，春栽菌包分床不宜过早，由于气温低，分床过早黑木耳不易开片，易长成丛状。待耳芽出齐并长至1～2厘米后分床，分床时菌包间距10～12厘米即可，撤去塑料布、草帘或遮阳网进行全光管理。分床后晒1～2天再开始浇水，浇水最佳时间是袋内温度15～25℃时，袋内温度不足15℃不宜浇水，否则耳片不仅不能生长，而且会造成烂耳。浇水要少浇、勤浇，每半小时左右就要浇一次，每次浇3～5分钟，以各个耳片都湿透为准。

（8）出耳期管理　菌包出耳阶段（彩图3-8）采取全光管理模式。主要是水分管理和温度控制，应根据天气情况灵活控制浇水量，间歇性喷水，干湿交替，创造黑木耳生长发育需要的水分和温度条件。喷水时尽量喷雾状水，初期少喷、勤喷，切忌浇重水，随着耳片向外伸展，逐渐增加喷水次数，加大浇水量。一看天气浇水。晴天温度适宜可适当多浇水，阴雨天可少浇或不浇。二看温度浇水。温度低于 10℃ 时不浇水，如遇持续高温天气，温度高于 28℃ 时，需要间歇浇水降温；如果气温和水温过高，间歇浇水仍然不能将菌包的料温降到 25℃ 以下时，停止浇水，防止高温高湿导致"流耳"现象发生。三看耳片浇水。停水后如果耳片很快变干"显白"，则应继续浇水，反之不用浇水。四看菌包浇水。当菌包基质中水分含量较大时，菌包较重，颜色变暗，应少浇或停止浇水。五要干湿交替。当耳片生长缓慢或生长过快时，停止浇水，晒袋 3~5 天，以耳根干、菌丝恢复、菌包颜色变白为好。要把水浇足，菌包上的耳片尽量都能浇到。干长菌丝、湿长子实体，干湿交替对长耳才有利。

（9）采收 要根据子实体成熟度和产品标准要求及时采收。采收前应停水 2~3 天，待耳根收缩、耳片略有收拢但未完全干缩时轻轻摘下，采收要采大留小。一般在黑木耳子实体未弹射孢子时及时采收，可采收 2~3 潮耳。

（10）转潮管理 每潮采收后停止浇水，晒袋 3~5 天，让菌丝充分恢复，袋料紧贴后再浇水（刚开始勤浇、少浇，逐渐加大浇水量）进入下一潮的出耳管理。7 月气温高可以停水"过夏"，立秋前 2~3 天可以将菌包顶部塑料袋"环割"开口，使袋顶出耳（彩图 3-9），刚开始浇水时，浇水量要大一些，之后逐渐恢复正常浇水量。

（11）晾晒 黑木耳采收后先在晾晒架上薄薄地摊上一层，当耳片略干，而耳根未干时，再将其摊厚晾晒，这样晒出的小孔单片木耳易呈碗状，耳形好。采用网架晾晒（彩图 3-10），防止雨淋，耳片干透后及时收储。

（12）储存 置于通风良好、阴凉干燥、清洁卫生的库房储存，注意防虫、防鼠、防潮。不应与有毒、有害、有异味和易于传播霉菌、虫害的物品混合存放。

（13）**病虫害防治** 必须贯彻"预防为主，综合防治"的方针。田间有虫害发生，在出耳转潮间歇期，根据虫害种类喷洒已经登记可用于食用菌的、高效低毒的生物药剂。未在食用菌上登记的农药不得使用，根据相关文献，我国在食用菌上登记使用的杀菌剂有咪鲜胺锰盐可湿性粉剂、二氯异氰尿酸钠、噻菌灵、百菌清等，杀虫剂仅有氯氟·甲维盐（张金霞等，2020），生产者实际使用时要查询最新管理办法，并询问当地农技人员。

（14）**菌渣处理** 采收完毕及时将菌包集中，进行袋料分离，资源化回收利用。

（15）**注意事项** 一是调节湿度。子实体生长发育要求空气相对湿度以80%～90%为宜。出耳芽后，可揭去草帘，每天早、晚喷雾状水，最好用微喷。初期因耳片抗逆性差，要勤喷、轻喷、细喷，使空气相对湿度为85%～90%，以保持耳片湿润不卷边为宜。当耳芽长至扁平或圆盘状时，应适当加大喷水量，提高空气相对湿度达90%～95%，防止耳片蒸腾失水，促进耳片迅速生长。但要注意干湿交替管理，使耳片健壮生长。耳片成熟前夕，宜减少喷水，使空气相对湿度降至75%～85%，使耳片在似干似湿的条件下，不仅能控制孢子弹射，而且耳片干净无水，不易烂耳，肉质肥厚，有弹性，增强子实体生命活力，促进发育，并能降低霉菌污染，产品质量好。二是控制温度。黑木耳为中温型食用菌，对温度适应性较强。温度偏低生长慢，但子实体色深、肉厚，如春耳和秋耳。温度偏高生长快，但子实体色浅，肉薄，如伏耳。展耳期温度以20～22℃为宜，耳片整齐、健壮、耳形好、色泽深、商品价值高。温度低于12℃或高于28℃，则难以开片。高温高湿天气，子实体呼吸旺盛，细胞分裂加快，干物质积累少，耳片薄、色浅、产量低。因此，若遇高温，可盖草帘并喷水降温，保证耳片生长良好。三是调节光照。黑木耳子实体分化需要一定散射光，光弱不形成原基。子实体生长需要散射光和一定的直射光，在光照充足的环境里，耳片肉厚色深，鲜嫩苗壮，病虫害少。否则生长缓慢，色浅，商品价值低。因此，要定期揭除覆盖物，确保充足的光照条件。四是适当通风。黑木耳生长要求氧气充足，若二氧化碳过多，对耳片有毒害作用，新鲜空气可避免烂耳，减少病虫害，有利于耳片良好生长。若通风较差或摆袋过密，则耳片不易展开，易形成"鸡爪耳"或"团耳"等畸形耳，失去商品价值，且易感染杂菌和发生烂耳，降低产量。应清除耳场内外一切障碍物，定期揭除覆盖物，使耳场空气流通，促进耳片良好生长发育。

（二）棚室挂袋栽培技术

1. **生产计划制订**　与露地摆放栽培相比，棚室挂袋栽培有塑料大棚薄膜等保温保湿设施，可以使黑木耳生育期提前或延后，尽量避免高温期出耳，因此"抢前抓早"是春季棚室挂袋栽培黑木耳的关键。以黑龙江省牡丹江地区为例，从11月初至翌年2月下旬菌包生产培养栽培种，2月下旬至3月上旬开始扣大棚塑料薄膜给大棚增温，3月中下旬菌包进棚划口催芽，4月上旬开始挂袋出耳管理，4月下旬至5月初开始采摘，6月下旬至7月下旬采收结束。

2. **菌种制备**　黑木耳二级菌种、三级菌种和液体菌种制作生产流程，包括栽培原料与培养基配方选择、拌料、装袋、灭菌、接种、培养等环节具体方法见本章第一部分。棚室挂袋栽培黑木耳的菌种一般选择中早熟品种及早生快发、出耳齐、品质优、耐水抗逆性强的品种。如牡耳2号、黑威15等。与露地摆放栽培相比，棚室挂袋栽培管理难度大、精细程度高，应选择无污染、洁白、紧实的菌包。

3. **栽培管理**

（1）**栽培场地与设施**　出耳场地需要大棚和温室等设施，一般采用钢架塑料大棚用于黑木耳棚室挂袋栽培。大棚建设场地应选择在通风良好、向阳、水源洁净且充足、周围污染源少、不存水、不下沉、地面平整的地块，棚室挂袋栽培场地与设施见彩图3-11。用钢架结构搭建棚架，首先要保证坚固安全，每平方米承重达500千克以上，满足黑木耳挂袋栽培要求及规避自然灾害。大棚长30～

60 米、宽 7~10 米、高 3.5~5.5 米；棚间距不小于 5 米；棚顶及四周覆盖可卷放的棚膜、遮阳网。框架横梁高 2.2~2.5 米，根据大棚宽度，棚内框架上放置若干横杆，用于栓绑挂绳。每两个横杆为一组，组内横杆间距 30 厘米左右，每组横杆之间留出"过道"的距离，一般宽 60~70 厘米。每组横杆长度依大棚的长度而定。在"过道"上、下各铺上喷水管线一条，并在水管上每隔 60 厘米按"品"字形扎眼安装喷头。喷头可覆盖半径 1~2 米的范围，水经过喷头，在一定压力下呈雾状扇形喷出。

（2）栽培前准备 菌包进棚前 3~5 天，将棚内地面浇透水，再在地面上撒一层生石灰，防止杂菌发生。可在地面上垫一层防草布、草帘、遮阳网或厚 5 厘米左右的细河沙等。处理完地面后，将大棚密闭，用二氯异氰尿酸钠烟剂熏蒸消毒。

（3）开口封口管理 将培养好的菌包运进棚，菌丝恢复后，用开口机开口，一般开"/"（斜杠）形、Y 形或 O 形小口，开口直径 0.4~0.5 厘米，开口数量 180~280 个。开口后将菌包堆放在大棚内，一般 4~5 层高为好，避免堆温过高。菌包恢复菌丝培养见彩图 3-12。大棚覆盖塑料布和遮阳网，要求散光照射，大棚内空气相对湿度达到 80%~90%，持续 5~7 天，使菌包菌丝封住出耳口，形成耳线，可挂袋进行出耳管理。

（4）挂袋 在棚内框架横杆上，每隔 25~30 厘米，按"品"字形系紧两根（或三根）尼龙绳，并在底部打结。把已开口的菌包接种口朝下夹在尼龙绳上，然后在两根尼龙绳上扣上两头带钩的细铁钩（长度以 5 厘米为宜），即可挂完一袋，第二袋按同样步骤将菌包托在细铁钩上，以此类推直至挂完为止（彩图 3-13）。一般每组尼龙绳可挂 6~8 袋。挂袋时袋与袋之间距离不宜少于 20 厘米，行与行之间距离不宜少于 25 厘米。菌包离地面 30~50 厘米，以利于通风，防止产生畸形木耳，提高产量。挂绳底部用绳链接在一起，这样风再大，菌包可以随风共同摆动，不相互碰撞。

（5）催芽管理 菌包开始挂袋 2~3 天，不可以浇水，温度靠遮阳网和塑料薄膜调节，控制在 20~25℃。往地面上浇水，使棚内空气相对湿度始终保持在75%～80%，待2～3天菌包菌丝恢复后可以往菌包上浇水，每天进行间歇喷水，使空气相对湿度达到85%以上，这阶段切忌浇重水，以保湿为主，每天通风1～2次，持续7～10天，耳芽呈米粒大小。棚室菌包催芽管理见彩图3-14。

（6）育耳期管理　子实体边缘分化出耳片，并逐渐向外伸展。这阶段应逐渐加大浇水量，加大通风，喷水尽量喷雾状水，原则上棚内温度超过25℃不浇水，早春一般在午后3时至次日上午9时进行间歇喷水，5月后一般在午后5时至次日上午7时浇水，使空气相对湿度始终保持在90%以上。棚室菌包育耳期管理见彩图3-15。采取间歇式浇水，浇水30～40分钟，停水15～20分钟，重复4～5次。根据气温情况，一般在浇水时放下棚膜，不浇水时将棚膜及遮阳网卷到棚顶进行通风和晒袋。正常情况下，喷水后通风，每天通风4～5次，天热时早晚通风，气温低时在中午通风。温度高、湿度大时还可通过盖遮阳网、掀开棚四周塑料膜进行通风调节，严防高温高湿。

（7）采收及转潮管理　当耳片直径长到5～6厘米，即耳边下垂时就可以采收（7～8分熟），大棚内挂袋栽培黑木耳一般在4月下旬即可采收第一潮黑木耳（彩图3-16），5月上旬采收第二潮黑木耳，比露地摆放栽培提前25～30天。采收木耳后，将大棚的塑料薄膜和遮阳网卷至棚顶，晒袋5天左右，进行浇水管理，即进行"干湿交替"水分管理。晒袋管理是避免耳片发黄的关键措施。不见光、温度高、耳片生长速度过快是耳片黄且薄的主要原因。一般第一潮黑木耳每袋可采干耳20～25克，耳片圆整，正反面明显，耳片厚，子实体经济性状好。第二潮耳管理方法与第一潮大致相同，大湿度、大通风是关键技术。一般可采收3～4潮耳，产干耳50～70克/袋。

（8）菌包落地采顶耳　待采完几潮耳后，产量还没有达到理想产量，如果菌包仍然比较硬实，说明菌包内的营养物质还没有被完全耗尽，这时可以将挂绳上的菌包落地，在顶端用刀片将菌包顶部塑料袋"环割"开口，然后在棚内密集摆放，一般早晚浇水5～6

次，每次浇水 20～30 分钟，停水 30 分钟。这样额外可以采干耳 10～15 克/袋。

（9）晾晒、储存、病虫害防治、菌渣处理　同露地摆放栽培。

（三）春季栽培常见问题与应对措施

1. 菌包憋芽　催芽过程中由于管理不当，菌包极易出现袋内耳基隆起现象，俗称憋芽或鼓包。黑木耳憋芽导致袋料分离现象越来越严重，袋内形成空间。浇水时袋内形成的空间很容易进水，青苔、绿霉病随之而来。袋内隆起的耳基随着温度升高、湿度加大，细菌滋生，很快就开始腐烂，对后续出芽和产量、品质有直接的影响，出现憋芽现象时，如果处理不当，轻则减产，重则绝收。

（1）菌包憋芽形成原因　一是品种选择不当，由于是小口栽培，故应选择单片簇生型品种；二是菌包质量问题，菌包制作的时候装料不紧，或者在菌包搬运、装卸过程中没有做到轻拿轻放而导致袋料分离；三是催芽期温度过低、湿度过小，尤其是袋内袋外的温差大，袋内的温湿度高于袋外，耳基就不"愿意"往袋外生长；四是开口形状不适宜，开口过小。

（2）应对措施　一是选择适当的单片簇生型品种；二是把好菌包质量关，避免或减少袋料分离；三是根据当地气候条件，选择适当的季节进行催芽，调控好温度、湿度、光照条件；四是开口形状以"/"形（斜杠形）和△形出芽效果好，＊形次之，O 形最差。对于经验不足或催芽技术水平不高的人应根据实际情况来决定木耳菌包开孔的形状和大小。开口时注意根据菌棒及时调整开口机的刀具以达到合理的孔深和孔径大小，以"/"形（斜杠形）口为例：孔深 0.5 厘米，长 0.6 厘米为宜。这样有利于木耳原基分化和子实体形成。如果已经出现憋芽的情况，应保持出耳空间温度 18～25℃，空气相对湿度达到 70％以上，采取持续加湿的措施保持 3～5 天，就可以使袋内耳芽长出袋外，形成子实体。

2. 黑木耳"西阳病"　主要发生在极端高温天气或高温季节，北方地区春季和夏季，一般一天中的上午 11 时至下午 3 时是紫外线最强的时候，由于阳光照射，菌包内温度过高而导致菌包内向阳面菌丝死亡，由于菌包内部的湿度大，绿霉、细菌等杂菌开始大量滋生，最终导致烂棒，造成减产或绝收。

（1）形成原因　菌包质量不过关，出芽慢或者袋料分离现象严重；菌包下地晚，催芽出耳遇到高温季节；菌包培养基料含水量大，达62%以上；遇到异常持续高温（气温超过35℃）。

（2）应对措施　把好菌包质量关，保持菌种活力旺盛，避免或减少袋料分离；尽量做到菌包适时进地，及时催芽，在高温来临之前尽量能够采收一批木耳；制菌时含水量一定要控制得当，黑木耳菌包含水量以57%~60%为宜。高温时段采用悬挂遮阳网和喷地下水降温的措施。

3. 拳状耳　表现为黑木耳原基不分化、耳片不生长，球状原基逐渐增大，拳状耳也称为拳耳、球形耳，栽培上被称为不开片。

（1）形成原因　出耳时通风不良；光线不足；划口过深；分化期温度过低。

（2）应对措施　规范划口标准；草帘不要过厚；分化期加强早晚通风，让太阳斜射光线照射，刺激原基分化；合理安排生产季节，早春不过早划口，防止分化期温度过低。

4. 瘤状耳　表现为耳片着生瘤、疣状物，常伴虫害和流耳现象。瘤状耳的形成是高温、高湿、不通风综合作用的结果，虫害和病菌相伴滋生并加重瘤状耳的病情；高温、高湿的季节喷施微肥和激素药物也会诱发瘤状耳。应对措施：避开高温、高湿季节出耳，子实体生长期要注意通风；为抑制病菌与虫害滋生，应多让太阳斜射光线照射耳床，慎用或不用化学药物喷施。

5. 黄薄耳　表现为耳片色淡，发黄甚至趋于白色，片薄。

（1）形成原因　光线不足，通风不良；采收过晚，耳片过分成熟；菌包在培养、储存或运输等环节受冻或受到过热伤害；种性不良。

（2）应对措施　早晚多通风见光；及时采收，保证质量；菌包在生产或运输等环节防止受到低温和高温伤害；生产时选择优质菌种，禁用伪劣菌种或种性不明的菌种用于生产。

三、秋季栽培技术

黑木耳秋季栽培是指在代料栽培生产过程中，采取春夏季制种养菌、夏秋季栽培出耳的生产方式。主要产区集中在黑龙江省东南部和吉林省东部地区，生产模式分为露地摆放栽培和棚室挂袋栽培。秋季栽培重点解决了高温发菌出耳过程中的菌丝活力下降、污染率过高等问题，促进了黑木耳产业规模发展，提高了黑木耳生产设施和场地的利用率。秋季栽培的黑木耳产品颜色黑、耳片厚、口感佳，产品市场认同度高、价格高。

（一）栽培品种

黑木耳菌种质量优劣直接决定栽培产量和产品品质的高低。在选择菌种时应选择经过省级以上种子管理部门认定（登记）的品种或性状优良稳定的成熟品种，在选种时应清楚所选品种的种性。黑木耳分为早熟品种、中熟品种和晚熟品种。早熟品种一般在菌丝长满后再后熟 1 周左右即可开口催芽，中熟品种需后熟 15～20 天，晚熟品种需后熟 20～30 天，具体后熟时间与当时的温度相关，达不到有效后熟将影响出耳效果。因秋季自然气温越来越低，晚熟品种后熟时间长会导致出耳适宜时间比较紧张，建议秋季栽培选择早熟或中熟品种。

（二）露地摆放栽培技术

1. 生产计划制订 中熟品种可在 2—3 月开始生产原种，4—5 月生产菌包；早熟品种 3—4 月生产原种，5—6 月生产菌包。一般 7 月下旬下地摆袋出耳，8 月中下旬开始采收，10 月末采收结束。

2. 菌种生产

（1）母种生产 母种是最基础的生产要素，产品质量要求高，生产检验技术含量较高，应由具有资质的专业机构生产。

（2）原种生产 秋季栽培的原种可选用木屑原种、玉米粒原种、枝条原种。

①木屑原种生产容器最好选用专用二级菌菌袋，采用小型立式装袋机装袋，用套环和无棉盖体封口。容器也可选用无色透明的专用菌种瓶，装瓶后拧紧瓶盖。接种后的原种在温度 25℃左右发菌 35～40 天，菌丝就能长满袋（瓶）。长满袋（瓶）后应继续发菌培养 1 周左右再进行栽培生产使用。木屑原种适应性较强。

②玉米粒原种生产时将玉米粒浸泡在清水中 12～24 小时，然后煮 30 分钟左右，玉米粒以煮熟不烂为宜。捞出后沥干再拌入预湿的阔叶硬杂木屑和石膏粉，然后装瓶、灭菌、接种，养菌 25 天左右就可以使用。玉米粒原种较易老化，应现做现用。

③枝条原种生产选用无霉变、无硫黄熏蒸的专用枝条，按照枝条菌种制作方法装袋，通常每袋可装约 200 支枝条，最后使用无棉盖体和塑料套环封口。

④原种生产时原料一定要新鲜无霉变。容器要选择无色透明容器，便于观察、检查杂菌。接种 1 周后要及时检查，发现杂菌应及时淘汰。原种保存时间不应超出 1 个月，发现有吐水、脱壁等现象应及时淘汰。

3. 菌包生产

（1）原料选择 秋季栽培菌包生产原料要求更严格。木屑应不结块、无霉变并且粗细适宜；麦麸、稻糠和黄豆粉要求当年加工，新鲜、细腻、无霉变、不结块，并且不能混入异物。麦麸、稻糠和黄豆粉应储藏在干燥、防潮的环境，远离培养室。

（2）培养料配方 可参考选用以下两种配方：

①木屑 86%，稻糠 10%，黄豆粉 2%，石膏 1%，生石灰 1%。

②木屑 86%，麦麸 8%，稻糠 2%，黄豆粉 2%，石膏 1%，生石灰 1%。

（3）拌料 选择拌料机拌料。因发菌期室外气温高、杂菌基数高，应采用"低水分含量拌料"，通常培养料含水量要求为 55%～60%。

（4）装袋　秋季栽培出耳时间较短，菌袋一般采用16.5厘米×（33～35）厘米的专用塑料菌袋，一般选择厚度不小于0.004厘米的聚乙烯折角袋。菌袋应厚薄均匀，无折痕、无砂眼，质地柔软，收缩能力强。劣质菌袋在灭菌后容易造成袋料脱离、污染率增加和降低产量。使用卧式装袋机装袋，装料高度不超过21厘米，插棒封口。

（5）灭菌　常用灭菌方法有高压灭菌和常压灭菌。

①高压灭菌。在0.12兆帕的压力下持续灭菌2小时。灭菌时间达到后不能马上开锅，应等锅内自然冷却降压后方可打开锅门。

②常压灭菌。灭菌时可用间歇排气法排净冷空气，即排气5～10分钟后关闭排气阀2～3分钟再次排放冷气，3～4次后将冷气排尽。达到100℃时开始计时10小时，再闷锅1～2小时。灭菌时间达到后自然冷却，当温度降至40～50℃时可打开灭菌锅锅门散热，用余热将菌袋外表烘干，保证菌袋不带水，防止污染。秋季栽培因生产季节温度较高，培养料灭菌难度大，因此在灭菌操作时料包摆放不要过紧，以利于排净空气，切记要保证灭菌温度和时间。

（6）冷却　冷却室必须干净清洁，使用前应进行消毒处理。灭菌后的料包从灭菌锅中转移至冷却室自然冷却，不能开窗或使用电扇吹风冷却，否则会加大杂菌感染概率。料包温度冷却至30℃时进行抢温接种，可提高菌种成活率和减少杂菌污染。

（7）接种　大型菌包生产企业可在净化接种室内用液体菌种接种，接种室每周用紫外线灯或气雾剂消毒一次，每次接种结束后都用臭氧发生器消毒。农户小规模生产也应备有单独接种室，并对接种室严格消毒。要求严格执行无菌操作，熟练掌握接种技术。

使用木屑菌种接种时不要把菌种弄得太碎，颗粒状会提高菌种成活率。接种时动作要迅速，尽量减少操作过程中杂菌污染机会。接种工具在接种过程中碰到其他地方时应重新灼烧灭菌。秋季栽培生产时由于环境中杂菌量大且比较活跃，因此接种时应每间隔30分钟用消毒溶液对接种环境进行一次喷雾降尘消毒，单袋接种量应比春季栽培要大，一般750毫升木屑原种接栽培料包30～40袋，

500 毫升玉米粒原种接栽培料包 50～60 袋，枝条菌种每个栽培料包接种 2 支。提高接种量可提升成活率且降低杂菌感染率。

（8）发菌 由于秋季栽培的菌包发菌期气温高，一般采取以下 3 种放置方式强化通风散热：一是网格托袋；二是层架立式摆放（袋与袋之间留有 1～2 厘米空隙）；三是层架码垛摆放（码垛不超过 3 层并留好通风间隙）；具体见彩图 3-17。

秋季栽培的菌包发菌期环境中杂菌相对活跃，因此在使用前一定要对发菌培养室消毒，在培养期间要定期降尘消毒。发菌期要保持发菌培养室内温度稳定、环境干燥，同时保持空气清新。暗光培养，菌包移入发菌室前 3 天温度保持在 28～30℃，不用通风；发菌 3～15 天温度保持在 25～28℃，使菌丝快速萌发；发菌 15 天后加大通风量，将温度降到 22～24℃；后期当菌丝生长到袋底部时再把温度降至 20℃，通过打开上层排气窗和使用风扇帮助降温。空气相对湿度要求不高于 45%，湿度过大易引起杂菌产生。

在生产中根据黑木耳品种的生物学特性和菌龄要求，控温控湿、暗光通风培养，通常 50～60 天菌包达到生理成熟。

4. 开口 由于秋季栽培菌包开口期温度较高，为了降低杂菌感染率，最好在阴天或者凌晨（此时人员流动较小）进行开口，不建议选择在高温的晴天开口。采用开口机在室内进行开口，开口前要求对室内进行严格消毒，使用酒精对开口机及刀头进行擦拭并用火焰灼烧，保证无菌。开口期对菌包进行喷施消毒，并要严格检查菌包是否有杂菌，一旦发现及时剔除。若发现感染杂菌的菌包因疏忽已经开口，要重新对开口机和刀头进行消毒后方可继续使用。

5. 催芽 通常采用室内开口码垛集中催芽（彩图 3-18），码垛不应超过 3 层，注意通风降温，避免伤热。催芽时通过对地面洒水或用加湿器增加湿度，可开门开窗降低温度和增加氧气，保证温度不超过 25℃。若菌包一面耳眼发白则需要倒袋，使得菌包另一面见光，保证整个菌包开口处菌丝恢复一致。当菌袋开口处菌丝恢复（发白）后即可马上进行分床处理。

6. 分床 菌床宽 2～2.5 米，高 20 厘米，长度不限。在菌床两侧挖排水沟。建好耳床后要将床面浇重水一次，使床面吃足吃透水分备用。

菌包分床时要轻拿轻放，避免伤害菌丝和造成袋料脱离。由于气温较高，为加强通风，分床摆放（彩图 3-19）时每个菌包之间尽量加大距离，一定要保持 10 厘米以上间距。每平方米摆放 25 袋左右，大约每亩*地摆放 1 万袋。

7. **出耳管理**　出耳管理主要是做好水分管理。耳基期（摆袋 7～10 天）增加浇水量，保持床面湿润，空气相对湿度 80%。耳芽期（摆袋 10～15 天）床面空气相对湿度 85%，即床面始终见湿。伸展期（摆袋 15 天后）加大空气相对湿度至 90% 以上，保持耳片迅速生长，当耳片伸展到 1 厘米时，可向耳片浇大水。耳片长到 3 厘米左右时，如果子实体生长缓慢，可停水 2 天，促进菌丝生长，创造"干干湿湿，干湿交替"的条件环境。停水过后耳芽恢复期手动少浇勤浇，然后根据天气变化设定定时浇水时间。

秋季栽培出耳前期一般白天气温还是很高，为了防止流耳和杂菌感染，应早晚浇水，白天高温时段不浇水；后期可根据气温选择上下午浇水，中午停水 2～3 小时，晚上气温过低时不浇水。阴天根据耳片的干湿程度及时浇水。雨天不浇水。根据天气变化灵活掌握浇水时间，使耳片湿润生长。

8. **采收、晾晒干制**

（1）采收　采收要及时，原则是够大就采。通常当耳片充分展开、直径 3～5 厘米、边缘干缩时采收。采收前 1 天停水。采收时用专用叉子或夹子将菌包拿起，手握住耳片基部将耳片摘下。应避免留下耳基影响下潮出耳。

（2）晾晒干制　晾晒架可使用木杆或钢管距离地面 80 厘米左右搭架、铺上纱网，上面搭建拱棚，拱棚上覆盖防御塑料布。为了节省空间也可搭双层晾晒架，最上层搭拱棚覆盖塑料布。采收后将耳片基部带下的培养料去掉，将耳片摊放在纱网上晾晒。注意收听

＊ 亩为非法定计量单位，1 亩＝1/15 公顷。——编者注

天气预报，选择晴天采摘晾晒。

9. 采后多潮出耳 采用小口方式出耳的秋季栽培中，一般可以采摘 2～3 潮。为了提高产量和防止杂菌感染，应及时采收。当耳片边缘变薄、耳根收缩时及时采收，将子实体带根扭净。采收前停水晒袋，使子实体水分下降、根部收缩，这样易晾干且不易破碎。把耳根部全部扭净，不要留残余，否则易出现杂菌。一潮耳采摘结束后停水 2～3 天待菌丝恢复，然后先少浇、勤浇催芽育耳，后期再进行正常浇水管理，根据温度情况，经过一段时间生长即可采摘下一潮。

（三）棚室挂袋栽培技术

北方秋季栽培黑木耳采取棚室挂袋模式可以利用棚室设施，有效应对自然气候的不利影响，延长黑木耳子实体适宜生长时间，提高产量和品质。

1. 棚室建设 秋季栽培的场地选择、棚室搭建、棚内设施及相应消毒措施等与春季栽培的要求相同，可参考实施。

2. 生产计划制订 北方地区黑木耳秋季棚室栽培接种期为 4—5 月，菌包发菌培养期 5—6 月，7 月末至 8 月上旬进棚开口催芽，10 月下旬至 11 月上旬采收结束。

栽培品种选择和菌包生产工艺要求等与黑木耳秋季露地摆放栽培相同。

3. 开口及芽口恢复 菌包开口方式及要求同露地栽培。为了操作方便可以选择在出耳棚室内开口和进行芽口菌丝恢复管理（彩图 3-20）。棚室设施条件相对于室内更简陋，环境管控风险相对较高，因此应重视环境温度和空气相对湿度控制，避免温度过高和湿度过大造成杂菌感染。

棚室内菌包开口应选择气温较低的阴天或者清晨。菌包入棚前 2 天将棚内地面浇透水，然后铺上地布，再使用消毒水喷淋整个挂袋棚室。将开口的菌包码垛摆放在棚内，不超过 3 层，垛间留 30 厘米以上间距便于通风散热。由于时值夏季高温，棚室先不覆盖棚膜，只覆盖遮阳网，可在菌包上再覆盖一层遮阳网进行遮光降温。采用向地面浇水和少量多次棚内雾化浇水等方式降温。堆温控制在25℃以下，棚内空气相对湿度控制为80%～90%。待开口处菌丝恢复生长并封住出芽口时即可挂袋。

4. 挂袋　当开口处菌丝恢复（发白）后马上挂袋。棚室内挂袋时要适当增加菌包间距以利于通风，相对于春季栽培应减少棚内的挂袋数量，并且打开全部通风口。在棚内框架横杆上每隔20～25厘米系紧3根尼龙绳，在距离地面40厘米左右打结。挂袋时尼龙绳不要挂在开口部位，防止耳片出不来或畸形。菌包袋口朝下夹在尼龙绳上，并使用塑料三角环或细铁钩将菌包卡住，完成第一个菌包的吊挂。下一个按照同样步骤操作，直到挂满，通常一列挂6～7袋。相邻挂袋间距20～25厘米，上下袋间距3～5厘米，每平方米挂60～70袋。棚内稀疏挂袋见彩图3-21。

5. 出耳管理　棚内温度控制是决定秋季栽培成败的关键，一定要防止高温"烧菌"，认真做好通风降温。菌包挂袋后2～3天不浇水，通过调节遮阳网使棚内温度控制在22～25℃，空气相对湿度保持在80%左右。2～3天后可间歇性少量浇水，使空气相对湿度达到90%以上。在此阶段以保湿为主，持续7～10天直至耳芽长成约黄豆粒大小。

随着耳芽生长，子实体边缘分化出耳片并逐渐向外伸展，此阶段应尽量喷雾状水并逐渐加大浇水量，使空气相对湿度达到90%以上。需要注意的是当棚内温度超过25℃时不浇水，且应保证棚内空气清新。当夜间温度低于15℃时覆上棚膜保温，白天温度高时棚膜全部打开通风，避免杂菌侵染滋生。

进入10月中旬应根据气温变化调节浇水时间，防止浇水后温度骤降影响产量和品质。如果气温持续较低应停水，待第二年气温回暖后再浇水管理和继续采收。

出耳管理时应注意以下几点：

①根据天气情况管理，雨天应减少浇水、加强通风，及时检查菌包。若菌包表面有成片的白色菌丝则极可能是感染木霉，此时应

停止浇水，加强通风，将感染菌包及时挑出。

②当菌包内部有黄水时，应割破菌包底部塑料膜将积水放出，并停止浇水 2～3 天，待黑木耳菌丝恢复后再少量浇水。

③浇水后一定要及时通风，否则极易产生菌蚊和杂菌，导致烂耳甚至绝产。

6. 采摘晾晒 秋季栽培时一定要及时采摘，当黑木耳片长到 3～5 厘米开始采摘，不可使子实体过熟。采摘前需停水 1 天，在菌包下方铺设干净塑料布，采收时双手将耳片快速摘下，不要破坏耳基。采摘完毕后将棚膜和遮阳网卷至棚顶通风，停水 3～4 天后再浇水。再次浇水的前两天应少浇、勤浇，避免菌包积水，后期可以正常定时浇水。晾晒要求同露地栽培。

（四）秋季栽培常见问题与应对措施

1. 为什么在秋季栽培的菌包培养期间杂菌多？由于菌包培养期温度高，环境中杂菌活跃，易导致杂菌入侵。应对方法是：①适当延长灭菌时间和加大接种量，接种一定严格、规范执行无菌操作；②培养室使用前要严格消杀，对陈旧设施要增加消杀次数；③培养期保持发菌培养室干燥、空气清新，避免人员走动频繁。

2. 挂袋后第一潮耳采收后菌包内出现绿霉菌怎么办？应停止浇水，强化通风散热，将感染绿霉菌的菌袋挑拣出棚外集中处理，避免交叉感染。棚内菌包出现大量感染时，应避开高温时段浇水，少浇或者勤浇，不浇大水，避免菌包内再度积水。

3. 秋季栽培挂袋出耳时出现袋料分离怎么办？黑木耳菌包袋料分离时要停止浇水，采用地面浇水增加菌棚内空气相对湿度，使得菌包慢慢恢复吸水。培养料与菌袋贴合后再进行常规浇水，否则会造成袋内积水引起烂耳甚至杂菌产生。如果袋料分离处有积水应及时割破菌袋排出积水，以便透气，避免杂菌产生。

第四章

南方（长棒）黑木耳
代料栽培技术

南方长棒黑木耳栽培模式是在短袋栽培的基础上，参照香菇代料栽培技术模式发展起来的。采用 15 厘米×55 厘米的长袋发菌，支架斜立、排场出耳，栽培时间长，产量较高，适宜在浙江等南方地区应用。目前浙江、湖北、福建、安徽、云南、贵州、江西、广西等地应用较多，成为南方黑木耳栽培的主要模式。

一、栽培设施

南方长棒栽培黑木耳借鉴香菇栽培技术，因此菌棒制作和发菌设施与香菇生产完全通用，采用多点接种、叠棒培养，不需要培养架。

（一）设备与工具

一般栽培农户自己制作菌棒，需配备拌料机、装袋机、蒸气发生炉及接种箱或开放式接种室，有条件的可添置空调降温和通风设备、刺孔机、喷水机等相关设备。

工厂化料棒（菌棒）生产企业的机械化设施比较齐全。主要有木屑粉碎机、搅拌机、装袋一体化设备、大型常压或高压灭菌锅、料棒运输车、接种机、培菌室配套的降温设施设备等。

（二）场地与设施

黑木耳栽培场地分为菌棒生产场地和出耳场地，其中菌棒生产场地根据功能划分为拌料区、装袋区、灭菌区、冷却区、接种区、发菌区。

1. 生产场地　菌棒制棒和发菌的大棚可利用民房、仓库以及空地搭建，只要具备通风、不漏雨、清洁卫生等条件即可。根据南方气候特点，可分为春季栽培和秋季栽培，目前以秋季栽培为主。秋季栽培接种期为 8 月高温季节，生产大棚需配备遮阴和喷水降温设施，一般每平方米可摆放 100～150 袋菌棒，具体视海拔高度和发菌室温的高低而变化。如果使用液体菌种，还需要配套的液体菌种培养室、接种室及相应的附属设备。

2. 出耳场地　黑木耳对生长环境温度和湿度要求很高，空气必须流通，子实体生长时期光照要充足。一般每亩田可排放菌棒8 000袋左右。目前有露天排场和大棚排场两种模式，这两种模式各有优缺点，生产上同时存在，以露天排场为主。

二、栽培品种

南方黑木耳品种宜选种性稳定、抗逆性强、产量高、品质优良，并经省级以上品种认定、适宜当地栽培的优良品种。常用的有黑山、916、丽耳 3 号等品种。黑山黑木耳为中熟品种，子实体耳状、黑褐色，单片性好，褶皱（筋）少，耳片中等大小，耐水性好，商品性佳，抗流耳能力强，产量高，综合性状优良。916 黑木耳为中晚熟品种，菌丝浓密，子实体耳状，背面多筋脉，黑褐色，耳片大、肥厚，泡发率高，抗高温，产量高。丽耳 3 号黑木耳子实体耳状、黑褐色，单片性好，褶皱（筋）少，口感软糯，品质突出，该品种早熟性好，秋冬耳产量高，商品性佳，抗逆性强，综合性状优良，适宜在南方黑木耳产区栽培。

三、栽培季节与原料

（一）栽培季节

黑木耳是一种中温型菌类，排场一般选择在 15～28℃进行最为适宜。根据南方气候特点，秋季和春季栽培适宜生长。秋季栽培的菌棒生产在 7 月中旬至 9 月底；随着海拔的升高栽培时间相应提早，海拔 800 米以上地区在 7 月中旬开始制袋接种，海拔 300 米以下地区一般选在 9 月较为合适。春季栽培选在 11—12 月生产菌棒，但夏季高温造成黑木耳品质低，适宜出耳季节短，所以一般不提倡春季栽培。

（二）原料选择

黑木耳栽培基质主要有杂木屑、麦麸（米糠）、玉米粉、棉籽壳、碳酸钙、糖、石灰等。

1. 杂木屑　黑木耳为木腐菌，可以利用富含纤维素、半纤维素、木质素、淀粉的物质提供营养和能量。常见的阔叶树、竹类、果枝、茶枝等农林副产品，通过专用粉碎机粉碎成颗粒状均可用于黑木耳栽培，一般因地制宜，就地取材，减少成本。杂木屑颗粒大小为 3～7 毫米、厚 1～2 毫米，伴有部分颗粒大小为 1～2 毫米、厚 1～2 毫米的木屑，粗细搭配最佳，其中细木屑占 1/3、粗木屑占 2/3。

注意事项：一是含有抑制菌丝生长的松节油、烯萜类有机物的松、柏等针叶树种不宜选用；二是选用的阔叶树种类不宜太单一，多树种混合比单一树种的产量要高，边材丰富的幼林树枝比中老龄要好。

2. 麦麸　又称麸皮、麦皮，是袋栽黑木耳的主要辅料，是黑木耳菌丝体和子实体生长发育所需氮源的主要供给者，同时能促进菌丝对培养基中木质纤维素的降解和利用，提高生物学效率。麦麸要求不掺杂、新鲜、不结块、不霉变。若麦麸有轻微霉变、虫蛀和结块现象，应过筛并晒后再用；霉变、虫蛀或因雨淋潮湿引起结块的麦麸，大部分养分已经丧失，则不宜使用。

3. 其他原料　玉米粉也是生产辅料之一，营养丰富，可以部分取代麦麸。棉籽壳是脱绒棉籽的种皮，质地松软，吸水性强，营养丰富，是十分优良的原料，可替代杂木屑 10%～50%，以

15%～25%最佳。生产上可添加适量红糖和白糖，有利于菌丝恢复和生长。

石膏化学名为硫酸钙，主要提供钙素和硫素，具有一定的酸碱度缓冲作用，生、熟两种石膏皆可用。石灰化学名为氧化钙，主要作用是调节培养料 pH，要求使用生石灰。

四、菌棒生产

黑木耳长棒袋栽工艺流程是：配料→拌料→装袋→灭菌→冷却→接种→培养菌丝（发菌）→刺孔养菌→排场见光→出耳管理→采收。常用培养基配方包括：①杂木屑 88%、麦麸 10%、石灰 1%、糖 1%；②杂木屑 78%、麦麸 10%、米糠 10%、糖 1%、石膏粉 1%；③杂木屑 88%、麦麸 5%、棉籽壳 5%、石灰 0.5%、石膏 0.5%、糖 1%；④杂木屑 40%、桑枝屑 51%、麸皮 8%、石灰 1%；⑤梨枝屑 91%、麸皮 8%、石灰 1%。

（一）配料与拌料

具体步骤是先将棉籽壳倒入池中，加水浸泡 8～12 小时，捞出沥干备用，再将木屑、麦麸（米糠）、玉米粉、石膏粉、石灰等与棉籽壳混合搅拌均匀，然后加入糖水继续搅拌，使培养料混合均匀，含水量 55%～60%。

（二）装袋制棒

选用规格为 15 厘米×55 厘米×0.05 毫米的聚乙烯筒袋。拌料后 4～5 小时内完成装料，当装料接近袋口 6 厘米处时，即可停止装料并取出竖立。装袋松紧度以人以中等力度抓住培养袋、菌袋表面有轻凹陷指印为佳。若有凹陷感或料袋有断裂痕说明太松；若似木棒、很硬、无凹陷则太紧。料棒松紧适宜，单棒湿重应为 1.5～1.7 千克。装袋后清理袋口并扎紧。使用高压灭菌时将料棒打 1 个循环透气口（直径 0.5 厘米），贴上专用透气胶片，并检查料棒应无磨损、无刺破孔洞。

装袋过程的要求如下：①要求装料松紧度适中：装得过紧易使塑料袋产生裂痕或破袋，影响发菌速度；装得太松会影响接种成活率及黑木耳的产量与质量。②要求不超时限，装袋从开始到结束时间不超过 4 小时，以免培养料发酵变酸，影响发菌。③要求扎紧袋口，扎袋口时要清理袋口内壁黏附的培养料，用塑料绳捆扎紧密，做到不漏气。④要求在装袋和搬运过程中轻拿轻放，避免破袋。⑤要求日料日清，既当日配料在 4 小时内装完，及时灭菌。

（三）灭菌与冷却

料棒制作完成后应及时进行常压或高压灭菌。灭菌是指用物理或化学的方法杀死物料上或环境中的一切微生物，同时使培养料熟化，菌丝更易利用培养料中的营养。常压灭菌时中心料温需在 4 小时内达到 100℃，并保持 16～18 小时；高压灭菌时灭菌压力需保持在 0.1 兆帕（121℃），灭菌 2.5～3.5 小时。适当延长灭菌时间可加快菌丝生长速度，提早出耳，增加产量。

灭菌过程的要求如下：①料棒堆叠要合理。确保蒸气畅通、温度均匀、灭菌彻底，同时防止塌棒。木灶或铁灶采用"一"字形叠法，每排间留一定空隙，上下叠平整，前后排间稍留空隙，使气流自下而上畅通，灶内蒸汽能均匀运转。②温度调控要准确。在烧火供蒸汽的过程中必须做到"攻头、控中间、保尾"，防止出现"大头、松中间、小尾"的现象。灭菌开始时灭菌锅火力要旺，争取在最短时间内（5 小时以内为佳）使灶内温度上升至 100℃，以防升温缓慢引起培养料内耐温的微生物继续繁殖，影响培养料质量。当灶下部料棒温度达到 98℃时开始计时并保持 12～16 小时。中间要匀火烧，不能停火。锅内水分不足时应加 80℃以上的热水，补水温度低于 80℃易使灶内温度下降，影响蒸汽供应和灭菌效果。③出锅冷却防污染。灭菌结束后应待灶内温度自然下降至 80℃以下再开门，趁热把料棒搬到冷却室冷却，避免塑料袋胀袋。一般在灭菌结束后 6 小时左右出灶为宜，此时出灶有利于鉴别料筒有无破洞。若塑料袋收缩起皱均匀说明无破洞，若料袋光滑不起皱则说明有破洞，需在破洞处贴上胶布密封。

（四）料棒接种

灭菌结束后待温度自然降至 50～60℃时，料棒应及时搬入清洁、已消毒、已杀虫的冷却场所。待料温降至 28℃以下，用手摸无热感时即可接种。目前菌棒接种方法有两种：一种是用接种箱法（彩图 4-1），另一种是开放式接种法。接种箱法的优点是接种成品率高、效果稳定、受限制少；缺点是速度较慢，每人每小时接种量为 40 袋左右。而开放式接种法的优点是接种速度快、工作效率高，每人每小时接种 80～90 袋；缺点是技术要求较高，灭菌药品用量大。

1. 菌种处理　对菌种表面清洗和消毒（75％酒精涂擦），用利刀在菌种上部 1/4 处环绕一圈，掰去上部 1/4 菌种及颈圈、棉花部分，将剩余 3/4 菌种快速放入箱内即可。

2. 进料和灭菌　将灭菌冷却后的料棒搬至箱内，同时将打穴棒（呈长圆锥体状、长 12～14 厘米、直径 2.2～2.5 厘米）、菌种、酒精、药棉等物品放入箱内。采用气雾消毒剂灭菌，用量为 4～8 克/米^3。气温高、接种箱的密闭性能不太好时每箱用气雾消毒剂 6～8 克；气温低、接种箱密闭性能好时每箱用气雾消毒剂 4～6 克，等气雾基本散尽后开始接种。

3. 打穴接种　接种人员双手消毒（用来苏儿等消毒液清洗双手，进入接种箱或接种室后，再用 75％的酒精对手和工具进行消毒）。在料棒表面均匀打 3～4 个接种穴，直径 1.5 厘米、深 2～2.5 厘米，打穴棒要旋转抽出，防止穴口膜与培养料脱空。接种时取菌种块，用手分块塞入接种穴，要求种块与穴口膜接触紧密（整块接入，勿留空隙）。接种完成后套上外袋 [（17～18）厘米×60 厘米的聚乙烯袋]。每瓶栽培种（750 毫升）接种 15～20 个料棒，接种后的菌棒要及时移入培养场所。

接种环节有如下要求：①操作人员在接种前做好个人卫生，洗净头、手，更换干净衣服；②在菌种封口时，菌种与接种穴膜要吻合、不留间隙，接种后需把菌棒接种穴口靠紧，以防水分蒸发，并注意防止种块脱落；③含水量低的菌种压入穴口时压力可以大一些，含水量高的菌种则要注意轻压，防止压力太大导致水渍死种而感染霉菌。接种穴一定要侧放，否则种块上易滋生霉菌或发生死种。④接种应避开一天中的高温时段，接种安排在晚上至凌晨可以提高接种成活率。

（五）发菌管理

发菌管理是黑木耳栽培的关键环节，菌丝生长质量好坏与产量高低密切相关。温度、氧气、光照是影响菌丝生长的最主要因子。

1. 发菌场地要求 发菌场地要求通风、干燥、光线暗，使用前进行1~2次杀虫、杀菌处理。发菌场所应可调温。设施大棚应覆盖黑白膜，大棚顶架设遮阳网和喷淋设施，棚高3.5~4.5米。尽量采取就地接种、就地发菌，尽量减少接种后菌棒搬动。在菌棒移入前2~4天用2％~5％来苏儿溶液或0.2％~0.5％过氧乙酸溶液喷洒消毒，地面洒石灰，铺设塑料薄膜。

2. 菌棒堆放 菌棒堆放方式较多，差异在于堆温、通气的调节程度不一。刚接种后的菌棒采用"一"字形墙式堆放法，注意接种孔要朝向侧面，防止接种口朝上或朝下而使菌棒堆压造成缺氧及水渍导致死种。也可以采用"柴片式"堆放方法，但要注意对于含水量较多的菌棒，接种孔朝上，不能朝下，防止菌种因水渍而不能萌发。一般6~8层，每行或每组之间留宽50厘米左右的走道，有利于空气流通，散发热量并增加氧气。

3. 温度管理 菌丝生长温度以25~28℃为好。不同生长期，最适温度有所不同，基本上"前高后低"。接种后3~4天适当高温有利于菌种定殖萌发，温度尽量调控在28~30℃；接种后10~13天开始生长，呼吸增强，菌袋温度显著升高，需要加强通风，以防高温，早晚打开门窗通风，上午9时至下午4时关闭门窗，防止中午热空气进入，同时用门窗遮阴，防止太阳直射。一般15天左右进行翻堆，检查菌丝成活率，空间足够的开始散开培养。翻堆后前3天，菌丝新陈代谢加强，极易引发烧棒，要加强通风，可使用电风扇通风；从翻堆至菌棒发满不要随意搬动菌棒。发菌中后期建议控制在25℃左右，低温养菌，更有利于提高菌棒质量。

4. 空气相对湿度管理　前期空气相对湿度宜掌握在70%以下，若相对湿度过高可在地面撒生石灰以降低湿度。空气相对湿度过高不仅造成杂菌的滋生繁殖，而且会影响空气中的含氧量而影响菌丝生长；后期应掌握空气相对湿度在70%~80%，这样可以减少菌棒的失水量。

5. 光照控制　黑木耳菌丝生长阶段不需要光线，光对黑木耳菌丝有刺激作用，能促进耳芽形成，影响菌丝体正常生长，所以培养时要提供黑暗条件。

6. 菌棒翻堆　翻堆即把上下、里外、侧面菌棒互相对调，目的是促进发菌平衡。翻堆可以与杂菌检查同时进行，在发菌阶段要翻堆2~4次。第一次翻堆一般在接种后7~10天，接种孔发菌至8~10厘米时，发现杂菌污染或死种要及时处理。视天气情况调整堆形，随着发菌范围扩大，呼吸作用越来越强，要注意散堆和通风换气，降低堆叠层数。如果遇到高温天气，尽量少堆或者不翻。

7. 刺孔养菌催耳　在适宜情况下，菌丝经过50~60天基本长满菌棒。将菌棒用刺孔机刺孔200~280孔/棒，呈菱形均匀分布，适当增加打孔数，可以有效改善木耳品质。刺孔后注意散堆通风。刺孔催耳有棚内刺孔和田间刺孔两种方式。

（1）棚内刺孔养菌催耳　菌棒刺孔后放在棚内，待菌丝恢复生长后再选择合适天气排场。设施条件充足的农户建议选择棚内刺孔催耳，刺孔养菌时间一般为2~3天。早秋气温高，刺孔后采用"井"字形或△形堆放，用电风扇排风降温（彩图4-2）。棚内空气相对湿度以80%为宜，相对湿度过低孔口容易风干形成死穴，难以长出耳芽。部分场地充裕的农户利用棚内培养架（彩图4-3），刺孔后可一直培养到孔口耳芽形成但还没有长出袋口（需7~10天），再进行排场出耳。

（2）田间刺孔养菌催耳　菌棒除去外袋后用黑木耳专用刺孔机

刺孔，每刺孔 1 000 棒用 75% 酒精喷雾对刺孔机进行消毒。每个菌棒刺孔孔径 4～6 毫米、孔深 0.5～1.0 厘米。根据天气预报选择未来至少 3 天没有大雨或者没有连续降雨的天气，棚内刺孔后直接拉到田里排场。菌丝未恢复前不浇水，遇到连续干燥天气时采取畦沟内灌水或畦床上喷水的办法增加空间湿度。

五、菌棒排场

（一）选场

选择水源充足、接近电源、通风良好、排灌方便、远离污染源的田块。为避免连作障碍，建议进行水旱轮作。

（二）耳场建设

场地使用前彻底清理田块中的杂草和稻桩，每亩用 25～30 千克石灰对田块消毒，然后翻耕暴晒 3～4 天。将田块整成龟背状，畦高 15～20 厘米、宽 1.0～1.2 米，长不限，四周开深 30～40 厘米畦沟作为排水沟。随后选择圆木或竹条搭横向 4～5 排高 25～30 厘米、行距 25～30 厘米、纵向间隔 1.5～2.0 米的支架，用铁丝连接固定。畦面覆地膜、稻草、黑白膜等防杂草。

（三）喷雾设施

喷雾设施由三级高压聚乙烯塑料管件（干管、支管、毛管）及微型雾化喷头组成，干管直径 40～50 毫米，支管直径 25～32 毫米，毛管直径 10～12 毫米。干管连接水源垂直于支管，支管垂直于栽培床，毛管平行于栽培床，悬挂在其上部。雾化喷头间距 1.5～2.0 米，安装在毛管上面，喷雾时使耳片受水均匀。或者直接以微喷管代替毛管。

（四）排场

排场时间 9 月下旬至 10 月下旬。菌棒与地面成 60°～70°角斜靠在支架上均匀排布，每两棒间距 10 厘米左右，以利于通气及受光。以每亩排放 8 000 棒左右为宜。摆放太密集则通风不流畅、日照不均匀，对耳片形状和色泽都有影响，并且容易多耳片粘连，降低感官品质。排场后应保持耳场湿润。

（五）催芽

黑木耳子实体在 15～32℃ 都能形成和生长，最适温度为 20～25℃，最适空气相对湿度 90%～95%。排场时气温应稳定在 25℃ 以下。催芽关键是拉大昼夜温差和增加空气相对湿度。菌棒排场后晒棒时间为 15～30 天，晴朗天气时每隔 3～4 天转棒掉头一次，阴雨天时每隔 6～7 天转棒掉头一次，促使出耳整齐，避免"阴阳面"。转棒掉头 2～3 次，直至菌棒表面菌丝白而干、刺孔口出现"黑线"停止转棒。

六、出耳管理

出耳阶段的技术要点主要是水分管理。喷水必须根据黑木耳生长要求和天气情况而定，只有使用科学、灵活的喷水方法才能获得优质高产。长棒栽培出耳管理见彩图 4-4。

（一）原基分化期管理

从珊瑚状原基到长出小耳芽为原基分化期，这个时期主要是保持耳场湿度，喷水应"少量多次"，每天早晚喷水 1～2 次，每次喷水 3～5 分钟，随耳片长大加大喷水量。

（二）耳片生长期管理

耳片生长期刺孔已被子实体封住，此时期可以逐渐加大喷水量，要求细喷、勤喷。喷水量依耳片状态和天气状况而定，保持耳片边缘不干燥。一般每天喷水 4～5 次，每次 30 分钟左右。高温时宜采用早晚喷水，低温季节白天温度高时喷水。连续喷水 3～6 天，停水晒棒1～2天。喷水要树立"干就干透养菌丝，湿就湿透长木耳"的理念和"干干湿湿"的管理原则，才能使菌棒健壮、耳片优质高产。

（三）耳潮间隔期管理

每批黑木耳采收后停止喷水1周左右，以利于基内菌丝恢复。随后开始少量多次喷水，保持耳棒湿润。待新耳基形成后，再按第一批管理。雨水充足的春天不用人工喷水，依靠自然降水即可。

七、采收与干制

（一）采收

采收是黑木耳生产的最后环节，也是储藏保鲜及加工的开始环节。采收标准与黑木耳产量、品质及耐储运性有密切关系。南方适宜黑木耳袋栽的出耳期是每年10月至翌年4月，一般黑木耳出耳期为4个月左右，可以采收4～5次。根据生长季节分为秋冬耳和春耳。

1. 秋冬耳采收　应在雨后天晴、耳片稍干后采收，或者前一日停水，次日耳片上无水滴时采收。当耳片舒展、耳根收缩变细、耳片边缘内卷，达到七八分成熟时即可采收，采大留小。用手指捏住耳基的基部采收，不留耳基。为了保证品质，应适时采收，秋冬耳需3～4次采收。每采收一次，菌棒须换面一次。由阴面换向朝阳面，以促进均匀产耳，不可调头，调头极易出现烂耳及影响耳形，会降低商品等级。

2. 春耳采收　春耳采收时气温回升、雨水多，黑木耳生长快，因此春耳（小暑前生长的黑木耳）应重采，能采即采、及时采收。遇高温高湿天气，黑木耳七成熟时就要采摘，避免流耳、烂耳，降低产品质量。

（二）干制

采摘的黑木耳要及时晾晒干制。利用闲置养菌大棚，冬天和阴雨天气也能正常晾晒。为了提高黑木耳品质，提倡用晒架架空摊晒。晾晒时可以采取两步干燥法，即冬耳晾晒干透后，堆起来返潮，然后再干透，耳边内卷，商品性好。

春耳采收后应立即去除杂质，丛生黑木耳分成单片。晴天直接暴晒干燥，遇到连续阴雨天气建议用机械烘干。鲜耳进烘房后，由于含水率较高，烘房内的相对湿度急剧升高，甚至达到饱和程度，所以要特别注意排湿。烘干时的温度应从35℃开始，逐步升温至60℃。如果初始温度过高、排湿跟不上，容易引起耳片卷曲和不规则的收缩。一般鲜耳进房到烘干，每班炉需10~14小时。

八、常见异常现象及应对措施

1. 催芽阶段"阴阳面"　10月出田排场仍属于高温季节，菌棒单面长久日晒，造成向阳面菌丝退化。可根据生产实际采取转棒晒棒催芽，减少出现"阴阳面"现象。菌棒排场3~4天后将菌棒旋转180°，防止菌棒单面长时间暴晒，导致菌丝退化；隔3~4天后再将菌棒上下两端调头翻转，如此转棒掉头2~3次，直至菌棒表面菌丝白而干、刺孔口出现"黑线"停止转棒，促使出耳整齐。

2. 出耳阶段烂棒　烂棒表现为菌棒局部出现黄水，进而被木霉等霉菌感染，最终导致菌棒霉烂。烂棒原因及防控方法：一是麦麸添加量过大。应注意添加比例不超过12%。二是发菌阶段菌棒遇高温闷棒或烧棒，导致菌丝活力差。应注意防高温和加强通风。三是排场后遇高温高湿天气，菌棒料温过高，菌丝细胞受损，表现为吐黄水和菌丝萎缩死亡。应注意关注排场天气，不可盲目提前。如遇长期不利天气，可增加降温避雨等设施。

3. 春季流耳烂棒　南方春季气温回升、雨水多、潮湿闷热，黑木耳生长快，但极易感染病菌、发生流耳等病害。其原因是高温高湿密闭条件下感染杂菌，造成烂耳、流耳，进一步会导致烂棒。为了预防流耳烂棒现象发生，一方面，要合理排场摆放，如菌棒摆放太密就会造成透光性差、通风不畅，一般以每亩摆放8 000棒左右为宜。另一方面，在春季高温期间应选择太阳落山 2 小时后喷水，要求少量多次，以耳芽充分吸足水分为准，避免菌棒内积水，喷水过后注意通风，实行"干干湿湿"管理，防止高温高湿引起流耳烂棒。

第五章

北方黑木耳段木
栽培技术

1955 年，中国科技工作者开始培育黑木耳固体纯菌种，发明了段木打孔接种法，这种方法使段木栽培黑木耳的单位产量大大提高。东北地区森林覆盖面积大，适合段木栽培的柞树资源丰富。20 世纪 60—70 年代，大兴安岭和小兴安岭地区、牡丹江地区、伊春地区推广黑木耳段木栽培技术，栽培量迅速增加。栽培技术进步使段木栽培黑木耳的产量提高，生产周期也缩短到 2～3 年。目前由于国家实施"天然林保护工程"，段木砍伐受到限制，东北黑木耳段木栽培已经越来越少，但在有些地方仍然存在。

一、耳场选择和段木准备

（一）耳场选择

选择避风、向阳、光照充足、温度较高、湿度较大、空气清新、靠近水源又不易遭受水害的地方作为耳场。耳场须进行清理。有条件的地方最好在冬季翻耕场地，用漂白粉或生石灰等消毒，清除越冬杂菌和害虫，以减少来年病虫害。

（二）段木准备

1. 选树　大多数阔叶树，如柞、杨、槐、榆等都可用于栽培黑木耳，尤以柞树为最好。选择时要注意树木的年龄和径度。树龄过小则皮层嫩而薄、平滑，保湿和吸水能力差，且木质中含养分有限，虽然出耳较早，但产耳年限不长，产量不高。树龄过大则皮层厚，养分不充足，出耳慢且小，甚至不出耳，因此幼嫩的小树和枯衰的老树都不宜作为栽培材料。以树龄 8～10 年、径度 8～12 厘米的树木为好。长在土地肥沃的向阳山坡上的无病虫害和杂菌的树木养分充足，接种后菌丝生长快，更适合作为栽培段木，也称为耳木。

2. 伐树 根据《森林法》，未经林业行政主管部门及法律规定的其他主管部门批准并核发林木采伐许可证，任意采伐森林或其他林木的行为，以滥伐林木罪处罚。因此，砍伐树木前需办理林木采伐许可证，并严格按照证书规定进行采伐。

伐树必须注意季节。一般都在深秋季节、树木老叶枯黄脱落以后，到翌年新叶未发之前的一段时间里砍伐，即冬至到立春之间，就是"入九伐树"。这时树木进入了冬眠阶段，其汁液（树浆）基本处于凝滞状态，树身储藏的营养物质比较丰富，砍伐后皮层不易爆裂脱落，有利于黑木耳生长发育。树木砍伐后不要立即剃枝，一般在伐树后 10～15 天再剃枝。剃枝时切勿削伤树皮，以防杂菌侵入。如不是"入九伐树"，要立即剃枝以防树液流失。

3. 截段 一般要把树木截成长 1.2 米左右的木段，尽量整齐一致，以便于操作管理。

4. 堆晒 选择地势开阔、透气、向阳的地方，把截好的木段以"井"字形或"品"字形堆起来，每隔 10～15 天翻堆一次，促其细胞组织死亡，有利于接种后菌丝生长。一般堆晒 1～2 个月、段木到七八成干的时候即可接种。堆晒时应注意保持木段水分，不能过于干燥。接种时耳木水分不少于 35%黑木耳菌丝才易定殖。

二、段木接种

接种质量是关系黑木耳菌丝成活和栽培效果的关键。当平均气温稳定在 5℃左右的时候就可接种。早接种虽然菌丝生长温度不适宜，但待气温逐渐升高时就会定殖和发育，不仅不会影响成活，而且养分累积充分，出耳早，当年可采收。提早接种也可以避开春耕播种的农忙季节，能减少与农田耕作争夺劳动力的矛盾，做到农副业生产两不误。提早接种使黑木耳菌丝优先占据耳木形成优势，会大大减少杂菌入侵机会。

接种前用电钻或用直径 0.9～12.5 厘米的皮带冲打接种穴眼。通常穴距 9～11 厘米，株距（横距）3～5 厘米，交错成"品"字形，穴深达木质部 2 厘米。打好穴后将栽培种填入穴内，装量以装满穴眼为止。接种时一定要填满，严防菌种悬于穴眼内。菌种装完后在穴眼上面放一个稍大于穴眼口径的木盖，用小锤敲紧使菌种与树皮紧合。在实际应用中，有人将打眼时冲出来的木塞去表层老皮，然后取 0.5～1 厘米的木质部和韧皮部作木盖，但由于木盖风干后体积会收缩，木盖盖好后容易脱落，因此接种时应用孔径稍大一点的皮带冲打接种穴眼，另外取盖，这样才能盖得上、盖得紧密牢固。穴眼上的木盖既不能凹陷，也不能凸出。凹陷会导致积水，引起杂菌滋生和菌种腐烂；凸出则容易碰掉脱落，致使菌种脱水干燥或被虫啃食，影响菌种成活。

接种时一定要注意选好菌种。杂菌感染、老化、没长满瓶的菌种不要用。菌种要随接随挖、木段打眼要随打随接，避免间隔时间太长。接种场地环境要清洁，勿在阳光下接种，以防菌种干燥和紫外线杀伤。

木段打孔接种后封口见彩图 5-1。

三、栽培管理

（一）耳木上堆

接种后应立即将接种的耳木堆成"井"字形堆。接种时水分较大的耳木应当堆积得稀疏一些，即耳木间隔要大些，以利于通风干燥。在气温较低的地区，上堆初期的耳木可以摆放得紧密一些，木堆高度也可适当增高，这样有利于提高堆内温度。随着气温升高，木堆高度应逐渐降低，以免堆内温度过高造成"烧堆"。为了给黑木耳菌丝发育创造良好条件，耳木上堆后需要用塑料薄膜或用洁净的草席等物覆盖。上堆后的管理十分重要。管理得好，黑木耳菌丝可以早日定殖发育，提前出耳、出耳率高；管理得不好，就会导致菌种死亡或引起杂菌和害虫滋生繁殖，造成接种失败，影响整个栽培生产。上堆期管理首先要注意堆内温度。因塑料薄膜增温效果好，天气晴朗、阳光充足时，中午前后堆内容易出现短时间的高温，可能超过28℃甚至达到35℃以上，超过了菌丝生长的适宜温度，引发"烧堆"。因此要经常检查堆内温度。堆内温度过低时要使木堆多接受阳光照射，傍晚要严密封闭木堆防止温度下降；堆内温度太高时要经常揭开覆盖物进行通风换气。刚接种的耳木含水量基本能够满足菌丝生长发育需要，因此上堆初期1～2周内不需要喷水。随着堆积时间延长和气温逐步升高，可视耳木干湿程度每隔2～3天喷水一次，或者结合翻堆适当喷水，以保持堆内较适宜的湿度条件，但切忌湿度过大。每次喷水后应该晾晒一段时间，待耳木表皮稍干再重新覆盖，避免滋生杂菌。要注意调节堆内空气流通。温度高时堆内耳木中黑木耳菌丝呼吸增强，随之产生大量二氧化碳积累，如果不换气必然会导致堆内二氧化碳等有害气体增加、氧气减少，对黑木耳菌丝体发育十分不利，严重时菌丝体窒息死亡，同时也会给杂菌造成滋生繁殖机会。一般上堆1周左右不必换气，1周后就应经常揭开覆盖物进行通气。气温较低时应在中午进行通气。随着气温增高要适当增加换气次数，并延长换气时间。

上堆发菌过程中还要进行翻堆，使堆内耳木温湿度一致，发菌均匀。耳木上堆1周之后开始第一次翻堆。先在原木堆附近地面上垫枕木，揭掉原木堆上的覆盖物，把耳木搬到新垫的枕木上重新堆积，把原堆中上下内外的耳木调换一下位置（上倒下，内倒外），堆好后再用覆盖物封好。此后每隔1周左右再翻一次，整个上堆发菌阶段应当翻堆3～4次。翻堆操作要轻，不要损伤木皮或碰掉接种眼的木盖，发现杂菌要及时处理。

发菌时间长短应根据气温情况、耳木种类、粗细和品种特性等确定，堆内温度15℃左右时发菌时间需1个月或稍长一点，若堆内温度经常在 20℃ 以上则发菌时间需 20 天左右。木质较硬、树龄较大以及容易萌发新芽的耳木，发菌时间也应适当延长一些。没有上堆发菌条件或接种后气温较高时，可将接种之后的耳木立即排放在耳场，实行排场发菌。其具体管理方法与散堆相同，但可直接将耳木贴地摆放。借地温和地湿发菌。只要管理得好，排场发菌同样可以得到好的发菌效果，而且容易管理。

（二）散堆排场

黑木耳菌丝在耳木的接种穴定殖后，部分菌丝已向木质深处生长蔓延，并有少量子实体发生。这时应及时散堆排场，使其吸收地面潮气，接受阳光雨露和新鲜空气，使菌丝迅速生长蔓延、积累营养物质，从营养生长转入生殖生长阶段，促使早日形成子实体。耳木排场可采取平铺式排场法。将长短、粗细基本相同的耳木，按组、行整齐地排列于栽培场地，耳木之间相隔 5 厘米左右。在排放耳木的同时要用枕木将其一端或两端架起 10～15 厘米，这样通风良好、光照均匀、清爽洁净，有利于耳木吸潮和周身出耳。耳木贴地则荫蔽度过大，易染杂菌和腐烂木皮。此外，要注意检查菌丝生长蔓延情况，确定起架时期。检查菌丝时取一根耳木锯下 10 厘米左右进行观察，菌丝长到的部位木质颜色变白而且疏松。从纵段面观察接种穴之间的菌丝是否已经连接。一般菌丝沿耳木纵向生长快、横向生长慢。如发现耳芽长得较多，而且菌丝仅生长在接种穴周围，不能急于起架。这种现象往往是由木棒含水量太高引起的，应适当控制水分，若急于起架则会造成耳片薄而小，且容易烂耳。

（三）起架管理

耳木菌丝发好后就可进行起架管理。搭起一排离地面约 60 厘米的横架，将长有大量耳芽的木段按"人"字形以 45°角斜放在横架两边，雨水少的地方平放些，雨水多的地方可陡些。木架长度可根据耳场的地形和栽培管理需要确定。为了使木耳两侧受光均匀，架长最好南北走向。耳木起架意味着耳木已进入产耳阶段，这时如果三两天有一场中雨或小雨，就可以促使幼耳迅速长大，部分菌丝又发育新的幼耳，如果没有雨就需要人工喷水。黑木耳生长期需要较大湿度，可每天喷浇一两次水。气温高时应在早晨和傍晚喷浇，不可在阳光强烈、气温很高的中午喷浇，以免高温高湿引发烂耳。人工浇水应根据天气和耳木具体情况灵活掌握。天气晴朗、阳光充足、气温较高、水分蒸发量大、耳木和耳场干燥时要多浇水，力求浇细、浇全、浇足，使耳木吸收足够的水分；天气阴凉、光照不足时应酌减喷水，雨天可不浇水。材质较硬或当年接种的耳木吸水力较差，应多浇一些。这类耳木木质紧密、透气性差，失水速度也比较慢，喷水一次可保持很长时间。而材质松软的耳木木质疏松、透气性好，吸水力强但失水速度也比较快，喷浇次数应增加一些。一般温湿度适宜时，7～10天耳芽就可长成采收。采收后将耳木上下调头使湿度均匀，并停止喷水，在阳光下晾晒一段时间，使耳木表面干燥，促使菌丝向段木深处生长，重新分配耳木内的营养。这样长出的木耳健壮、色黑，同时还可借阳光紫外线清除耳木上的病虫害，有利于提高下一潮木耳产量。每次晾晒耳木时间要根据光照、气温、风速，以及耳木长度、粗细、硬度等确定，一般当晾晒数天后见到耳木两端截面重新出现裂纹时，即可恢复喷水管理、促进出耳。

木段起架出耳见彩图5-2，木段出耳见彩图5-3，木段排场出耳见彩图5-4。

四、采收与干制

（一）采收

应当在雨过天晴、耳片稍干（阳干耳）或者头天傍晚喷水，次日晨露之后，耳片表面无水时采摘。这时木耳含水量不高，容易晾晒，不易破碎。采摘方法很简单，以拇指和食指沿着子实体的边缘插入耳根，稍加揪动耳片就会掉落下来。要注意将其短细的耳柄一起采下来，以免残根溃烂流失。采摘下来的黑木耳要放在洁净的筐篮中，装量不宜过多，更不要挤压，以免破碎损失。采耳时可保留幼耳，使其继续生长。在高温高湿和病虫害增多的季节，如发现有流耳趋势，可不分大小一起采摘。到深秋时节，气温降低、黑木耳停止生长发育时，应一次全部采摘下来。由于季节和气候条件对产量和质量的影响，黑木耳通常分为春耳、伏耳和秋耳。一般把入伏之前产的称为春耳，入伏至立秋产的称为伏耳，立秋后产的称为秋耳。春耳和秋耳可采 3～4 次，颜色深褐、朵大肉厚、吸水膨胀率大、质量好；伏耳受气温高、降水量多、湿度大的影响，发育迅速、生长快，但颜色较浅、耳片较薄、吸水膨胀率小、质量稍差。

（二）干制

新鲜黑木耳含水量很大，重量约为干品的 10 倍。鲜耳采收后必须及时干制，以防腐烂变质。干制方法分为以下两种。

1. 晾晒法　天气晴朗、光照充足时可将鲜耳薄薄地摊放在架离地面的苇席竹帘或尼龙纱上，在烈日下晾晒 1～2 天即可。在没晒干之前不宜多次翻动，以免耳片破碎和卷曲影响质量。夏季害虫较多，应将伏耳多晒一段时间，晒干了再翻晒几次，以杀灭躲在耳片里的害虫。

2. 烘干法　阴雨连绵季节常用烘干法。烘干温度不能超过60℃，防止黑木耳被烤焦或自融分解。烘干时要经常通风换气加速水分蒸发。

黑木耳干品容易吸湿回潮引起霉变，也会被害虫蛀食造成损失，用无毒的聚乙烯塑料袋包装密封是储藏黑木耳的安全办法。用麻袋包装储藏时应放在干燥、通风、洁净的库房里。

五、常见异常情况及应对措施

1. **耳木出耳晚且出耳不齐**　产生原因：①耳木过干或过湿，导致点种后孔穴内菌丝成活率不高，发菌慢，菌丝生活力不强；②耳棒粗细不一、点种密度不科学，导致各耳棒间发菌成熟度不一致；③在发菌和出耳过程中翻段不及时，耳木间或单个耳木干湿度和光照不匀，都会导致出耳晚或出耳不齐。因此，木段应长短、粗细尽量一致，发菌条件和出耳条件要一致，这样耳木中菌丝生长状态相近，会提高出耳整齐度。

2. **耳木出耳没后劲且春耳多、秋耳少**　主要原因是春季耳木营养充足，产耳多、耳潮间隔短，同时菌丝活力旺盛、病虫害少。但随着黑木耳产出，耳木中养分逐渐减少，菌丝在短期内很难恢复原状，需要更长的养菌时间，因此秋季耳潮间隔要比春季长。若在管理过程中一味喷水催耳而不重视养菌，那么不但不能按期出耳，还可能影响菌丝的进一步恢复生长，导致减产。在耳木养菌期间一定不要加大给水造成迅速出耳，虽然短期见到了效益，但耳木整体产量必然下降。因此，要重视养菌，只有菌丝完全长透了耳木，后续出耳产量和质量才能保证。

3. **流耳现象多发**　产生原因包括老耳场接种穴虫害严重、耳片过熟、耳场通风透气性差、高温时段阳光暴晒时喷水、伏耳没有及时采收等。应提前预防病虫害发生，注意耳场通风、降温，防止高温高湿，同时黑木耳要及时采收避免流耳发生和引发杂菌侵染。

4. **要注意雨天耳木表面湿润时不能接种**　若耳木堆放在避雨处且树皮不湿，可在避雨处接种。晴天则应在荫蔽处接种。接种应流水作业，专人打穴、专人接种，打完一穴马上接种，以免接种穴干燥或感染杂菌。用于封穴的树皮盖要当天打当天用，木塞应在接种前用开水煮沸杀菌消毒后再用。耳木截口和伤口要用石灰水消毒，以防杂菌侵入。耳场要撒施石灰粉进行地面消毒和喷洒药液消灭越冬害虫。耳木上出现杂菌应及时刮除，并用石灰水洗刷、烈日暴晒、来苏儿喷雾处理。

第六章

南方黑木耳段木栽培技术

湖北省房县一带早在唐代就有人工栽培黑木耳的记载。湖北黑木耳栽培以段木栽培为主，主要分布在鄂西的随州、房县、保康、京山、钟祥等地，常年栽培规模1亿棒左右。段木黑木耳口感软嫩，营养丰富，是传统的保健食品。本章以湖北露天全日光段木栽培模式为主介绍南方黑木耳段木栽培技术。

黑木耳段木栽培工艺流程见图6-1。

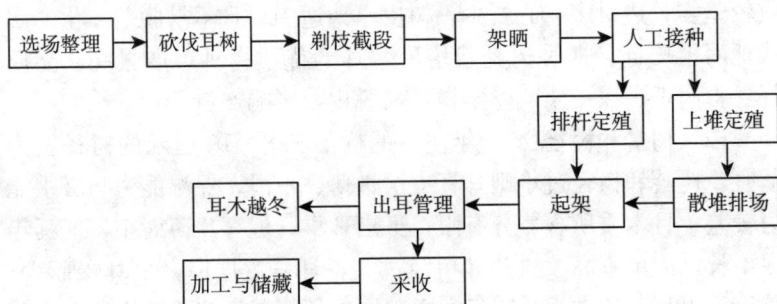

图6-1 黑木耳段木栽培工艺流程

一、场地和耳杆准备

(一) 场地准备

耳场宜选择在日照时间长、坡向向阳、通风良好、环境卫生、近水源、易排水、沙质土壤、有电源、远离老耳场及畜禽养殖场等污染源、适宜黑木耳生长发育、环境条件好的地方。耳场面积根据栽培规模测算，一般按每亩地栽培4 000根耳杆计算耳场面积。

耳场选定后要平整场地，清除四周杂草，挖好排水沟。以1.2～1.3米宽为一厢，厢与厢之间挖一条排水沟。场地消毒可用5％漂白粉溶液喷洒，并撒一层生石灰粉。同时在场地四周要开好排水沟，防止积水。

（二）耳杆准备

1. 选树　黑木耳产量高低和品质优劣与树种有密切的关系，优质耳杆是黑木耳优质高产的基础。

（1）树种　除松、杉、柏、樟等含有树脂、醚、醇、芳香油等杀菌物质的树种外，大部分常见阔叶树均能生长黑木耳。一般来说，质地坚硬、组织紧密的耳杆中黑木耳菌丝生长缓慢、子实体形成迟，但出耳年限长；质地疏松的耳杆中菌丝在木材组织内蔓延快、出耳早，但因腐朽进程快，出耳年限短。优质树种要求耳树材质较坚实、边材多、心材少，树皮厚薄适中，且不易脱落。生产实践证明栓皮栎、枫香树是栽培黑木耳的优质树种，产量高，品质好。青冈栎、黑皮栗、丝栗树等易脱皮，影响产量。

（2）树龄和树径　10年左右的树龄和8～10厘米的树径较为适宜。树龄和树径过小则耳杆皮层嫩薄、平滑，保湿能力与吸水能力较差，且木质所含养分有限，虽出耳早，但耳片薄而小，产耳年限不长，产量不高。树龄和树径过大，耳杆皮层厚，出耳慢而少，甚至不出耳。长在土质肥沃、向阳坡地的耳树的营养、光照和水分充足，生长速度快，皮层厚而疏松，积蓄养分多，栽培黑木耳效果较好。

2. 砍树*

（1）砍树时间　一般从老叶发黄到新叶初发前的期间都可以砍

---

* 同第五章第一节相关内容，砍树需提前办理林木采伐许可证，并严格按照许可证规定进行采伐。——编者注

树，这时期的树材称为收浆树，也就是冬至后到立春前，即所谓"进九砍树，六九停砍"。这段时间的树干储藏丰富的营养物质，树皮和木质部结合牢固，将来不容易脱皮。立春后，耳树新芽发生，树干内的养分开始分解流动，形成层开始活动，树皮也就容易脱落，养分向幼嫩枝叶集中，这一时期的树干不宜作耳杆。

（2）砍树方法　砍树要有利于树木的更新发芽，在耳树基部约15厘米处对侧下斧，两面下斧，砍成"鸦雀口"，使伐后树桩不致积水烂芽或多芽竞发，长出丛枝，对发枝更新有利。

3. 晒杆

（1）耳杆长度　将耳树锯成 1~1.3 米长的木段，其长度要求大体上一致，称之为耳杆。耳杆两头锯成齐头，截面和剔枝伤口用新鲜石灰水涂刷，预防杂菌感染。

（2）晒杆方法　按"井"字形或△形将耳杆堆起来，底层耳杆用砖或木杆垫起，堆与堆之间留有空间，高度以操作方便为好。不同树种和不同直径的耳杆要分开以便于管理。下雨时用薄膜覆盖防雨淋。耳杆要放在地势较高、通风、阳光充足的地方架晒，使耳杆进一步干燥。每隔 10 天或半月翻堆 1 次，将堆中耳杆上下内外相互调换，使其干燥均匀。南方气候湿润，树木含水量比较大，通常砍伐后要将伐木在山场卧放半月左右，暂时留下枝叶以加速树干水分蒸发，待树干收浆完毕，再剔去枝梢。

（3）架晒时间　根据天气、耳杆粗细、树种等来确定架晒时间，当耳杆晒至鲜重的 70%左右，耳杆两截面的色泽变黄白色，并出现放射状的细小裂纹，裂缝为断面的 1/3，裂缝能插进牙签，敲击时声音变脆时，就达到干燥要求，可接种。如有的耳杆太粗，可提前几天钻孔，但注意不能被雨水淋湿，否则孔穴容易长杂菌。

4. 耳杆接种

（1）菌种选择　选择适应本地生长、产量高、抗逆性强的优良品种。优质菌种的菌丝白色、粗壮浓密、无杂色、生长整齐、上下内外一致，袋装菌种菌丝与菌袋紧贴，菌种从袋内挖出成块不散，闻着有黑木耳的清香味，而无霉臭味。将挖出的菌种用干净的塑料薄膜包好，在适宜的温度下放置3～5天后，菌种上有毛茸茸的白色菌丝萌发，说明菌种活力强。凡是有红、绿、黄、黑等杂色或不萌发白色菌丝，说明有杂菌污染或老化。菌种干燥萎缩、袋内有褐黄色的水液和培养料发黑的菌种都不能使用。

（2）菌种保管　菌种购回后应尽快使用，不要存放过久，否则菌种容易老化。菌种购回后暂不使用时要注意保存，可将菌种于阴凉、避光、干燥处存放，每天中午检查温度，若超过25℃要及时散开散热。特别在3月以后应将菌种袋散放，以防起堆发热烧菌。

（3）接种时间　接种一般在2月上旬至3月上旬，气温在10℃左右，杂菌少，有利于菌丝成活定殖。实践表明，接种时间应适当提早，不要在清明后再去接种。清明后接种，按照一般接种后80天就要出耳计算，出耳期会遇到高温高湿的梅雨季节，往往容易发生流耳、烂耳。接种一般安排在晴天，不能在雨天接种，也不能在有干热风或直射阳光下接种。

（4）接种方法　先接细耳杆，后接粗耳杆。合理密植，用14～16毫米电钻头钻孔，孔距4～5厘米，行距6厘米，即6厘米粗的耳杆打三行，直径增加2厘米可多打一行；孔深为2.5～3厘米，两行孔位交错成"品"字形。接种时要边打孔、边点菌接种、边盖木盖。打孔和点菌接种间隔时间不能长，以防杂菌孢子进入接种孔和孔穴失水，造成杂菌污染和影响成活率。接种时菌种要填到穴底，不要悬空，与孔穴内壁密切接触。中午太阳强时应遮阴，防止菌种失水。接种用的木盖应提前准备好备用，晒干放在编织袋内。接种要用时新打的湿木盖容易长杂菌。盖木盖时用小锤将木盖打平塞牢，使其与耳杆表面相平，不可用力过猛敲打，以免将菌种块内的水分挤出。

木段接种见彩图6-1。

二、养菌期管理

耳杆中黑木耳菌丝对短期高温或低温有一定的抵抗能力。生长温度为 5～35℃，最适温度为 22～28℃；温度低于 15℃时菌丝生长缓慢；28～32℃时菌丝生长迅速，但易衰老；超过 33℃生长减慢。养菌期要经过上堆定殖、散堆排场和耳杆起架 3 个阶段。

（一）上堆定殖

耳杆接种后正值早春时节，冷空气比较频繁，并时有雨雪，刚接种的菌种菌丝恢复很慢，对不良环境抵抗力弱。新接种的耳杆应采取上堆管理，有利于人为控制温度和湿度，并有利于菌丝在耳杆内定殖生长。上堆时下面垫两根枕木，便于通风透气。条码堆放高度为 1 米，长度不限，耳杆之间不要太严实，上面四周用塑料薄膜覆盖。一般应堆一个月。上堆两周后要翻堆一次，上翻下、内翻外。翻堆时要喷水，喷水用喷雾器喷细水，待树皮表面风吹干后再盖薄膜。堆内放温度计观察堆内温度。特别要注意晴天中午堆内温度不能超过 30℃，超过时要立即掀掉薄膜、通风降温，防止高温烧菌。在晴天中午时，即便堆内温度没有达到 30℃，也要将四周薄膜适当掀开一点，通风换气一小时。

接种一个月后检查接种穴内菌丝成活情况。打开盖子时看到菌种块发白、有毛茸茸的菌丝，表明菌种已成活。如接种块发黑或像米糠一样，表明菌丝没有成活，应重新补种。

（二）散堆排场

耳杆上堆 30 天后，黑木耳菌丝已经在耳杆内定殖成活，但菌丝甚少。耳杆若长期覆盖上堆，势必会因温度过高或管理不当而引起杂菌滋生，所以必须散堆排场，使耳杆充分吸收地潮和雨露，加速菌丝生长。排场又能使耳杆充分接受阳光和新鲜空气，有利于耳杆表面干燥，减少杂菌危害。

排场方法可以是直接将耳杆间距 5 厘米平放在地面上；或者是耳杆一端着地，另一端用木杆垫高 7～10 厘米；也可以将耳杆两端都用木杆垫高。采用哪种方法要看天气来定。若天气干旱、长期无雨，采用第一种方式；若雨水正常，地面不干不湿，就采用第二种方法；若雨水多，地面湿度大，则采用最后一种方法。排场初期晴天无雨，6～7天要喷一次水，喷水时要将耳杆翻面调头；排场期间若雨水多，可不喷水，但雨后天晴要翻面调头。每次降雨后不管天晴或天阴，待耳杆向阳一面的树皮吹干后立即翻面调头，否则耳杆上容易感染绿霉。排场期正是春夏之交，如果遇到长期晴好天气，日照强、气温高，就要勤翻耳杆、增加喷水次数和喷水量，一般7天翻一次杆喷一次水。进入夏天，日照更烈、气温更高，耳杆内含水量下降，则应在每天傍晚待气温下降时喷水一次，连续喷2～3天后可以停喷1～2天，使排场干湿交替。雨天不喷水，但要注意通风降低排场湿度。总之，既要适当补充水分，又不能过湿，否则会导致菌丝生长缓慢。另外，切忌在夏天中午气温高时喷水。

排场期正处在气温回升期，各种病虫害开始滋生，要加强通风透光，及时清除枯枝杂草，发现病虫及时采取处理措施。切忌将长有杂菌的耳杆到处乱丢，应及时选出运走。散堆排场期白蚁或其他地下害虫危害严重，每次翻杆时应用高效低毒杀虫剂杀死害虫，以免其危害菌种。翻一次杆、施一次药，见虫及时施药。有的栽培者用刀刮掉杂菌后就丢在耳场，这种做法反而会加速杂菌的传播蔓延，应将杂菌刮在方便袋内带出耳场处理。

（三）耳杆起架

从接种开始经过45～60天后，耳杆上接种穴内长出小耳芽，说明黑木耳菌丝由营养生长阶段转至生殖生长阶段。这时应把耳杆按一定方式架起来，使其出耳和便于采收。耳杆满足以下两个条件时方可起架。一是看耳杆上耳芽生长情况，耳杆上已有50%的接种穴长出小耳芽，耳场中50%的耳杆有耳芽，个别小耳片直径已达1～1.5厘米；二是截断耳杆观察，可见黑木耳菌丝已长入木质部的2/3。不能只看耳芽，因为有的耳芽是靠菌种块的营养长出来的（俗称假耳），实际上菌丝还未深入木质部，这样的耳芽没有营养持续供给，耳片长不大，而且很快会脱落，所以称为假耳。未出耳芽或耳芽很少的耳杆不能起架，应继续排场管理。

起架方法目前一般采用"人"字形架，即两端用木桩支撑架起长木杆或铁丝，距地面高 70 厘米左右，将耳杆交叉斜靠在木杆或铁丝两侧，耳杆间距 5 厘米。行与行之间留人行道。天气干旱时耳杆倾斜角度小一些，天气多雨时倾斜角度大一些。粗细耳杆分开摆放，粗耳杆应尽量放在旁边容易通风干燥的位置。

起架育耳见彩图 6-2。

三、出耳管理

黑木耳生长需要干湿交替的条件，一般采用喷水带喷水，水呈雾状，省水、省工、省力，既对耳芽无损伤，又不会带起泥沙溅到耳片上面。

黑木耳生长规律是"干长菌丝，湿长耳"，在"干干湿湿"不断交替的条件下生长发育最好。黑木耳子实体适宜生长温度是 15～32℃，最适合温度为 20～28℃，以耳杆内含水量 65%、空气相对湿度 90% 左右为好。在少雨的夏天刚开始催耳时，要在夜晚 10 时开始喷水，喷到凌晨 2 时。以后每天早晚喷水，即早上 5～8 时和下午 5～8 时喷水，晚上 10 时至凌晨 2 时再喷一次，连续喷 3 天后停喷 2～3 天，一直到耳片长大成熟。喷水时湿度增大可长耳片，停喷时干燥可长菌丝积累营养，满足干湿交替的生长条件。在伏天高温天气，不必喷水催耳，让其雨天自然出耳。春秋季一般在中午喷水，即从上午 10 时至下午 3 时喷水。在实际操作管理时，要根据黑木耳生长规律和当时当地的气候，包括雨量、温度、湿度、光照等条件灵活掌握。一般晴天多喷、阴天少喷、雨天不喷。气温高时避开中午而早晚喷水，以免温度高、湿度大造成流耳。在催耳时要注意收看天气预报，了解未来几天的天气变化情况，切忌连续喷了几天水，在耳片快要成熟时却遇上连续阴雨而发生流耳烂耳现象，造成严重减产。

7 月初至 8 月下旬是最容易造成流耳的季节，主要因为外界高温高湿、阴雨闷热，耳片成熟后没有及时采摘晾晒，或者是害虫吃掉耳根耳片造成霉菌感染，采摘时耳根没有挖出处理。治理流耳烂耳还没有特效办法，主要采取预防措施。具体预防措施包括：①选用优质菌种。菌种生命力强、成活率高，菌丝在耳杆内很快成活，抵制霉菌侵入。②适当提前接种。若接种过晚，耳杆出耳时遇上高温高湿闷热的梅雨季节，很可能造成流耳烂耳。③耳场要通风向阳，沙质土壤排灌方便，不积水。④加强管理，耳杆适当放陡，雨天及时开沟排渍，及时清除耳场杂草，防治病虫。⑤伏耳要及时采收、不漏采、不留耳片残根，大小耳片一起采。⑥及时清理发生流耳烂耳的耳杆，刮掉耳杆上流耳的黏液。

四、采收和加工

耳片成熟后要及时采收，否则易造成流耳，影响产量。耳片成熟特征是耳片舒展变软、肉质肥厚、耳根收缩变细、子实体腹面产生白色孢子粉，摇动耳杆时耳片颤动。

采耳时间以雨后天晴，或晴天的早晨露水未干、耳片潮软时为宜。若当天耳片采不完，而第二天预报有雨，则应该进行适量的喷水使耳片变软及时采完，避免流耳损失。为了避免产生流耳、烂耳、老耳降低产品质量，在连阴雨天气到来之前黑木耳七成熟也要及时采摘。

采摘时用手指捏住耳片的基部，左右一旋就可摘下。采摘时要连耳根一起摘下来，以免残根溃烂，引起杂菌和害虫危害。要求勤采、细采，防止流耳，春耳和秋耳要采大留小，伏耳则要求大小一起采。严重流耳的耳杆应用清水清洗干净，挖净流耳根基，晾干后用浓度为 10%的生石灰水加食盐 0.3%混合擦洗伤口。

采耳时应将耳杆掉头翻面，即把原来背太阳的一面翻过来晒太阳，使耳杆内的含水量、受热温度较为一致。

一茬黑木耳采收后，要停水干燥一段时间让耳杆内的菌丝恢复生长。一般细杆停水 5～7 天、粗杆停 7～15 天，雨水多时要多停几天，天晴时少停几天。有小耳片的耳杆在喷水催耳时最好倒过头来，避免耳片积水引起烂耳。

采摘后的耳片应及时干制。可放在晒席上摊成薄层，趁晴天阳光强烈时一次性晒干。晾晒时不宜多翻，以免卷成拳耳或破碎。烘干时要把黑木耳先放在竹筛上自然风干一些，然后放入烘房或烘干机中，烘干温度要缓慢上升，最高温度不能超过 60℃，以防烤焦耳片或耳片自溶。黑木耳干制后放在无毒的塑料袋内包装封存。

五、越冬管理

进入晚秋，气温逐渐降低，黑木耳逐渐停止生长，进入"冬眠"阶段，但耳杆上还有小耳芽，因此要做好越冬管理，为来年出耳做好准备。

在气候比较温暖、耳场向阳、地面比较潮湿的情况下，"人"字形排放的耳杆原地不动，每隔 30～60 天将耳杆倒一次头，待开春温度回升时再将头倒过来，让耳杆内含水量均匀。在气候干冷、耳场在山岗上、地面干燥的情况下，可将耳杆平放地面越冬，每隔 30～60 天翻一次面。当以上两种越冬方式遭遇到整个冬天无雨无雪、耳杆过分干燥情况时，应适当喷水以增加耳杆湿度。在越冬期间用刀清除残留在耳杆上的杂菌，集中烧毁以防扩散。

开春后气温回升，耳芽逐渐大量发生，此时应加强耳场管理，及时消除杂草、清沟排渍，防虫和杀灭杂菌，为丰收打好基础。必须重视保护环境和保护森林资源。老耳场要翻耕换茬，废弃的老耳杆要集中处理，切忌遍地乱丢废弃的老耳杆，污染环境和危害新耳场。

六、常见异常情况及应对措施

黑木耳段木栽培遇到雨水多、场地潮湿、空气湿度大、耳杆内含水量过大等情况，都会造成菌丝生长弱、木质部分解利用缓慢、耳片长不大等现象，十分影响产量。针对常见的异常现象提出管理要点。

1. 冬天雨水多导致耳杆不容易干燥怎么办？ 耳杆晒不干燥就会影响接种的成活率和菌丝生长速度，因此要求架晒耳杆的场地地势高、通风向阳，滤水性能好。耳杆采用"井"字形、"山"字形或△形堆架，底部用砖垫起，耳杆粗细分开。堆与堆之间有间距。如果耳场在稻田，要开沟排渍，沟深 20～30 厘米，降低地下水位。

2. 接种时耳杆不干怎么办？ 耳杆含水量在 35%～40% 时可以接种，即耳杆两端呈黄白色，出现能插进牙签粗细的裂缝时可接种。为了加速耳杆干燥，可以先钻孔，但要注意下雨时要用薄膜盖好耳杆，防止雨水灌到孔内，雨停后应立即掀起薄膜。接种时先点细杆，后点粗杆，一定要待耳杆干到标准后才能接种。雨天一般不接种或者在室内接种，接种后耳杆应放在室内以防淋雨。接种后第二天有雨时应把接种的耳杆按要求上堆，用塑料薄膜盖好防雨。

3. 接种后菌丝向孔外长怎么办？ 耳杆含水量较大、氧气缺乏时，菌丝向木质部生长困难，往往向孔外长出白色的气生菌丝，沿孔形成白圈。气生菌丝对外界不良环境的抵抗能力弱，影响成活率。防止方法就是要等耳杆干后才能接种。发现这种现象时要采取措施使耳杆和场地干燥，清除杂草，不喷水、勤翻杆以促进耳杆干燥，降低含水量。

4. 栽培期雨水多怎么办？ 排场期雨水多会影响菌丝生长，因此耳场一定要开沟排渍，通风，除草，耳杆两端垫起来，抢晴天翻杆晒杆防止杂菌滋生。如果接种后雨水特别多，应检查耳杆内菌丝生长情况：若菌丝在木质部内已生长，可提前起架，耳杆放陡，杆之间留 5 厘米间距，粗耳杆放在边上通风处。出耳期遇高温高湿的梅雨季节，应停止人工喷灌催耳。如果遇连绵阴雨天气，应及时排渍除草，防病治虫。抢晴天采摘，不管大小，只要耳片开片就要采摘，并把耳根摘去。不能喷水催耳，尽量让耳杆保持干燥，恢复木质部内的菌丝生长。天气正常后再根据耳杆情况喷水催耳，劈开耳杆后，如果发现接种孔之间菌丝连接、菌丝长到木质部且快过心，木质部变得松软、手指能抠动，这样的耳杆菌丝旺健，可以喷水催耳；如果木质部内的菌丝细弱，木质部深褐色坚硬、手指抠不动，这样的耳杆应以干燥为主，不能喷水催耳。另外，在多雨季节要注意耳杆不要放在河边、湖边、低洼处、山坡脚下，防止山洪暴发、河堤决口、河水猛涨冲走耳杆，造成生产损失。

5. 耳杆上发生杂菌怎么办？应以防为主、综合防治。排场期耳杆上的杂菌以绿霉菌、白色石膏霉、红色链孢霉等为主，在高温高湿的环境容易滋生。防治措施包括：①选择优良适龄和抗逆能力强的菌种；②接种时要仔细检查、确保无杂菌污染；③接种后上堆时要防止高温烧菌；④做好耳场周围的环境卫生；⑤利用阳光中的紫外线杀菌；⑥木盖要用消毒液或高锰酸钾液浸泡沥干后再使用。

6. 发生流耳怎么办？发生流耳的原因主要是外界高温高湿、阴雨闷热、耳片成熟后没有及时采摘、霉菌感染等。目前治理流耳没有很有效的药物，应采取以下预防措施来避免流耳发生：①要选用优质菌种，接种应在清明前完成；②要做好耳场、耳杆和木盖的消毒杀菌；③要做到耳场通风向阳、干燥、无杂草、环境卫生；④要及时了解天气信息，禁止在高温高湿天气催耳；⑤要及时采耳，尤其是伏天大小耳一起采、不留残根；⑥要做好防病治虫工作；⑦要掌握好催耳时机，当耳杆内的菌丝弱、稀时停止喷水催耳，多雨季节要采掉小耳、尽量保持耳杆干燥；⑧要用清水洗流耳耳杆，挖净流耳根基，晾干后用浓度为10%的生石灰水加食盐0.3%混合擦洗伤口。

第七章

黑木耳栽培
病虫害防治

黑木耳栽培病虫害种类多、防治任务重，应充分了解黑木耳病虫害发生机理，加强对接种场所、培养发菌场所和栽培场地的管理，为黑木耳创造良好的生长发育环境，抑制害虫和杂菌的侵染和繁殖，减少病虫害发生，达到高产稳产的目的。防治黑木耳病虫害必须坚持贯彻"预防为主、综合防治"的方针，优先采用农业防治、物理防治和生物防治，科学进行化学防治。

一、常见病害及其防治

（一）常见病害致病菌

1. **细菌**　常污染菌种，尤其是母种，致使斜面上的菌丝不能正常蔓延；在栽培中使培养料黏湿、色深并伴有腐臭味，黑木耳菌丝不能正常生长。引起污染的细菌种类很多，常见的有芽孢杆菌（*Bacillus* sp.）、假单胞杆菌（*Pseudomonas* sp.）和欧文氏杆菌（*Erwinia* sp.）。

2. **酵母菌**　可污染各级菌种和栽培袋，母种培养基上最为常见。个体比细菌大，菌落与细菌相似。培养基质被酵母菌侵染并大量繁殖后会发酵变质，散发出酒酸气味，黑木耳菌丝不能生长。培养料含水量偏高时容易发生。常见的有红酵母（*Rhodotorula rubra*）、橙色红酵母（*R. aurantica*）和黑酵母（*Aureobasidium pullulans*）。

3. 放线菌 是主要污染菌种，在栽培上放线菌通常不会大范围污染，而是污染个别瓶（袋）。放线菌菌落在母种培养基上与细菌菌落有明显差异，菌落较大，表面多为紧密的绒状，坚实多皱，长孢子后就呈粉末状。放线菌往往有稀疏的菌丝，菌丝体成团、成束，浅灰色或浅白色，生长快，在培养基质温度高时易发生危害。常见的有白色链霉菌（*Streptomyces albus*）、湿链霉菌（*S. humidus*）、粉末链霉菌（*S. farinosus*）和诺卡氏菌（*Nocardia* sp.）等。

4. 霉菌 与黑木耳生活条件类似，分布广泛，是危害最大的一类杂菌，一旦发生很难根治。霉菌是单细胞或多细胞的丝状真菌，菌丝白色、较粗壮。随着生长因种类不同逐渐产生各种颜色的分生孢子。霉菌种类很多，常见的有青霉、木霉、曲霉、脉孢菌、毛霉、根霉和镰刀菌等。

青霉菌丝生长不快，但能很快长出绿色分生孢子，形成一片蓝绿色粉状霉层。能明显抑制黑木耳菌丝生长，后期还可侵染子实体。在高温、高湿下极易发生。通过气流、昆虫及水滴等传播。常见的有产黄青霉（*Penicillium chrysogenum*）、圆弧青霉（*P. cyclopium*）、白色青霉（*P. albicans*）和软毛青霉（*P. puberelum*）等。

接种点感染青霉菌见彩图 7-1。

木霉菌丝灰色，较浓密，生长速度很快。随着生长从菌落中心开始逐渐至边缘出现明显的绿色或暗绿色粉状霉层，而边缘仍是浓密的白色菌丝。木霉菌丝能分泌毒素，使黑木耳菌丝不能生长或逐渐消失死亡，常造成烂袋。在酸性和高温、高湿的环境中容易滋生。常见的有绿色木霉（*Trichoder maviride*）、灰绿木霉（*T. glaucus*）、康宁氏木霉（*T. koningii*）和木素木霉（*T. lignorum*）等。

黑木耳感染木霉菌见彩图 7-2。

曲霉初期出现白色绒毛状菌丝体，扩展较慢、菌落较厚，很快转为黑色或黄绿色的颗粒性粉状霉层，抑制黑木耳菌丝生长。黑木耳菌丝生长良好时可将其覆盖，对出耳影响不大。在糖类含量过高、微酸性的培养料中以及高温、高湿、通风不良的情况下容易发生曲霉感染。常见的曲霉有黄曲霉（*Aspergillus flavus*）、黑曲霉（*A. niger*）、灰绿曲霉（*A. glaucus*）和烟曲霉（*A. fumigatus*）。

脉孢菌俗称链孢霉或红色面包霉，是谷粒菌种的主要污染菌。其气生菌丝多、生长迅速，可产生橘红色粉状分生孢子。菌包封口棉塞受潮或菌袋有破洞时，橘红色分生孢子呈团状长到棉塞或菌袋外，稍受震动便散发到空气中，传播蔓延很快。脉孢菌能引起谷粒发酵，污染后可闻到酒香味。脉孢菌属中高温型好气性真菌，高温、高湿时容易发生。常见的有面包脉孢菌（好食脉孢菌）（*Neurospora sitophila*）和粗糙脉孢菌（*N. crassa*）。

黑木耳感染脉胞菌见彩图 7-3。

毛霉俗称长毛菌。菌丝稀疏、粗壮，生长迅速，表面形成很厚的白色棉絮状菌丝团，随着生长逐渐出现细小黑色的球状分生孢子囊。毛霉广泛存在于土壤、空气、粪便及堆肥上，孢子靠气流或水滴等传播，高温、高湿条件下易发生。

根霉菌落初形成时为灰白色或黄白色，孢子囊成熟后变成黑色。喜中温、高湿、偏酸环境；培养料中糖类含量过高易污染根霉。

5. 其他病害致病菌 近年来科研人员对部分黑木耳栽培病害的致病菌进行了深入研究，明确了致病菌及其生物学特性，为分析致病机理和提出防控措施奠定了理论基础。

(1) 黄孢原毛平革菌（*Phanerochaete chrysosporium*） 属白腐菌，能够降解木质素。在黑木耳菌包培养期间感染该菌可导致菌包腐烂成白色棉絮状团块，如面包状，故称之为"面包菌"病害。黄孢原毛平革菌与黑木耳生长所需的环境条件相似，对该病害防治困难较大。

(2) 可可毛色二孢菌（*Lasiodiplodia theobromae*） 主要发生在菌包培养期间，在黑木耳菌包中，初期菌丝洁白，生长迅速，长满袋后变黑色，在菌袋和培养基之间形成大量黑色凸起，使得黑木耳菌丝无法生长，造成减产甚至绝产。称之为"黑皮病"致病菌。

(3) 杂色云芝 通常感染菌包后可在出耳期间长出白色或灰色

云芝，子实体无柄、革质，菌盖表面有细绒毛（彩图7-4）。

（4）褐轮韧革菌　初期子实体革质、平伏于耳木表面，后期边缘反卷，菌盖表面有绒毛，黑褐色，边缘浅灰褐色。有数圈同心环沟，成熟后逐渐变得光滑并褪至淡色。在耳木上普遍发生，严重时可造成绝产。

（5）牛皮箍　危害耳木较为严重的杂菌，常见有黑、白两种，分别呈栗褐色和笋片色。牛皮箍紧贴生于耳木上，状似贴膏药、边缘不翘起。阴湿、连雨天气容易发生，严重时贴满耳木，引起耳木粉状腐朽、不长耳芽。

6. 藻类生物　黑木耳出耳过程需要长期浇水，出耳中后期经常发生的袋料分离现象会造成浇水流入黑木耳菌包袋内。在适宜温度下并经过阳光照射，水中的藻类会逐渐生长，在菌包内基质表面形成绿色青苔状物质，称为"青苔病"。藻类的大量生长影响黑木耳菌丝生长代谢，进而影响子实体生长，造成产量和品质下降，甚至绝收。

（二）感染杂菌和藻类的主要原因

（1）料袋制作不当　主要原因包括原材料受潮发霉、培养料含水量过大、酸碱度不适宜、装料太满接触棉塞、拌料不均匀存在干料块等。

（2）培养基质灭菌不彻底　袋壁上出现不规则的杂菌群落，多是由于灭菌时间或压力不够、灭菌时装量过多或摆放不合理造成没有排净空气。

（3）菌种纯度不达标　接种后菌种块上或接种点周围污染杂菌。此类污染往往成批出现且污染的杂菌种类比较一致。

（4）接种操作不规范　污染常从接种点附近开始发生，主要是由于接种场所消毒不彻底，或接种时无菌操作不规范、不严格。

（5）菌包生产管理不到位　灭菌时棉塞等封口材料受潮影响滤菌能力、培养料刺破菌袋产生微孔、培养室环境卫生洁净水平不达标、发菌环境高温高湿造成杂菌指数上升、外力或鼠害等造成菌包破裂等均可导致发生感染。

（6）出耳操作管理不当　造成菌包或者耳木中菌丝抗性减弱，或者形成了不利于菌丝生长而有利于杂菌和其他有害生物生长的环境，如高温高湿环境，或者是创造了利于杂菌和有害生物滋生的环境，如袋料分离造成菌袋积水，增加了杂菌或藻类等侵染和生长繁殖的概率。

（三）其他病害

1. 烂耳病　表现为耳芽吸水过多烂耳、耳片过熟烂耳、细菌感染烂耳等（彩图 7-5）。水分过多烂耳发生的原因是浇水过多，而且空气相对湿度始终处于 80％以上，导致从耳芽到耳片都发生溃烂。过熟烂耳发生原因是采收不及时，遇连雨天或过分成熟就会发生烂耳。细菌感染导致黑木耳菌丝死亡或降解子实体也是造成烂耳的重要原因，主要是由于环境高温高湿和通风不良造成。

2. 红根病　表现为黑木耳菌包上子实体根部色泽发红，相对细小孱弱，正常给水条件下子实体生长缓慢或停止生长，进一步会导致子实体持水过多、烂耳，根部坏死、子实体自然掉落，严重影响产品质量和产量。症状发生与菌包开口催芽阶段伤热、通风不良、氧气供应不充分和杂菌感染等因素有关。推测是由于耳芽刚出和开片时，遇高温时段并大量浇水，造成菌丝呼吸不畅和缺氧，引起菌丝和子实体生长异常，菌丝分泌色素导致基部发红和停止生长。

3. 西阳病　又称夕阳病。表现为黑木耳菌包地摆或棚挂出耳后，菌包基质表面逐渐出现青绿色的杂菌感染。由于大部分都是在菌包面向西或西南方向一侧发生或发生相对严重，推测与阳光照射造成的温度异常、过度蒸发和紫外辐射有关，故称此病害为黑木耳西阳病。此病害对产品质量和产量影响较大。

4. 烂袋病　是黑木耳代料栽培中常见病害，一般表现为菌包局部出现黄水或红水，逐渐感染霉菌并大量繁殖，影响出耳或者不出耳，最终导致菌包霉烂。感染杂菌以木霉居多。烂袋病致病原因较多，大部分是由前期菌包生产异常和出耳管理异常造成，后期感染杂菌是由于出耳环境条件复杂、可控性差，最终导致菌包大量感染杂菌和发生霉烂。

（四）主要防治措施

黑木耳栽培病害发生既有菌包自身质量原因，也有外部环境的影响。黑木耳菌种活性差、营养供给不合理就会导致菌包抗性差，或者存在潜在的病害苗头；发菌和出耳阶段环境条件控制不得当，会抑制或伤害黑木耳菌丝，同时也会为杂菌和其他有害生物侵染提供便利条件。因此，黑木耳栽培病害的防治应以防为主，做好菌包高质量生产和出耳环境高效调控，对已发生的病害则要早发现、早施治，避免病害扩散蔓延。

1. 选择菌种和生产场地 选择抗逆性强的优良菌种，严把菌种质量关。选择适宜的生产栽培场地，使菌包生产场地远离污染源，防止水源和空气扬尘对栽培出耳场地的影响。

2. 规范菌包生产和出耳管理 严格按照技术规程要求做好菌包生产，要求认真清洁消毒环境，培养料组方科学合理，料包（棒）制备规范严格。发菌管理周到细致，重点做好温度和通风管理，做好菌包后熟和临时储存管理。

提高出耳管理水平和异常环境应对能力。依据黑木耳品种特性，结合栽培季节气候特点、栽培环境调控能力、菌包出耳表现等多方面因素，协调做好环境的温度、通风、光照、相对湿度控制，重点做好给水管理和干湿交替控制，周密考虑各项环境指标之间互相影响的特点，突出调控重点。避免菌包基质过度失水造成袋料分离，以致进一步造成杂菌和藻类侵入生长；避免浇水过重和长时间给水导致袋内积水和影响基质氧气供应；避免菌包摆放过密、棚室长时覆盖、耳片采收过迟而影响基质供养。

3. 做好异常情况检查和处置 发现杂菌感染应及时处理。发菌期对局部感染的菌包可用浓石灰水喷洗或75%酒精注射杀灭以防止蔓延；对感染严重的菌包应喷药杀灭杂菌后用塑料薄膜包裹并移出发菌室做统一灭菌处理，特别严重的应封闭发菌室进行整体环境消毒灭菌。出耳期则应停水晒袋，一方面通过停水使耳根干缩通氧和促进菌包内菌丝生长提高抗病能力，另一方面降低菌包表面及周边环境空气相对湿度，破坏杂菌生长环境，同时利用阳光中的紫外线杀灭杂菌。对耳木上的杂菌污染可用刀刮除杂菌及附近被腐蚀的木质，伤口用3％～5％来苏儿溶液涂刷抑制杂菌蔓延。同时降低耳场的空气相对湿度和耳木含水量，勤翻杆，加强通风换气。

二、常见虫害及其防治

（一）常见害虫

1. **螨类害虫**　螨类害虫繁殖力极强，一旦侵入可以直接取食菌丝，造成接种后不发菌，或发菌后出现"退菌"现象，是危害黑木耳栽培的主要虫害。

螨类害虫个体很小，成螨体长仅0.3～0.8毫米，分散时难发现，需在放大镜或显微镜下观察。螨类害虫喜温暖湿润环境，在18～30℃、湿度大时最容易引起危害。螨类害虫主要通过培养料、菌种或蚊蝇类害虫来传播。危害黑木耳栽培的螨类害虫很多，以蒲螨类和粉螨类害虫危害最为普遍和严重。

培养室及出耳场周围环境要卫生，要远离培养料仓库、饲料间和鸡棚等设施。培养室应保持洁净，使用前应杀虫灭菌、杜绝虫源。储藏的培养料发生螨类害虫时可用辛硫磷杀死菌螨。避免菌种带螨可用放大镜检查菌种袋（瓶）口周围，发现菌螨的菌种一定不可使用，需用高温杀灭后废弃；其他尚未发现菌螨的菌种也需在接种前1～2天用药液熏蒸杀死菌螨。在培养室发菌期间发现菌丝有萎缩现象时需用放大镜仔细检查，发现菌螨后要及时喷药杀灭。喷药宜在室温较高、菌螨集中在料面时进行。使用安全可靠的杀虫药剂全面喷洒料袋、培养架、墙壁及地面，密闭熏蒸18小时；如仍有菌螨则需在耳床及其周围再喷一次食用菌专用杀虫剂。每次用药量为每立方米不超过450克，至少喷两次。

菌螨危害较轻时可用糖醋液或肉骨头诱杀。螨类害虫对肉香特别敏感，可在发生螨害的地方上分散放置一些新鲜肉骨头，待菌螨聚集到骨头上将骨头投入开水中烫死菌螨，骨头捞起后可继续使用。

耳片生长期不可喷药，菌螨危害较轻时可用诱杀法防治，或在一潮耳采收后处理。菌螨危害严重时应停止出耳管理，进行彻底密闭消杀。

2. **眼菌蚊**（又名菇蚊） 幼虫蛀食培养料、菌丝体和子实体，造成菌丝萎缩，影响发菌，使耳基、幼耳枯萎死亡。蛀食木耳后出现烂耳，一般成虫不直接危害子实体。防治措施：做好培养室内外环境卫生；安装纱门、纱窗，防止成虫飞入；及时清除废料以减少夏季虫源；培养室使用前要彻底消毒。初发时可进行人工捕捉，集中杀灭。利用眼菌蚊成虫的趋光性和趋味性，在发病场所安装蚊蝇灯和粘虫黄板，诱集成虫并杀死。

3. **蚤蝇**（又名菇蝇、粪蝇、菇蛆） 幼虫危害同眼菌蚊幼虫。成虫不直接危害，但会携带大量的病原孢子、线虫和螨类，是病害的传播媒介。防治措施可参照眼菌蚊的防治。

4. **黑腹果蝇** 以幼虫蛀食菌丝体、子实体和培养料，常使菌块发生水渍状腐烂，耳片被蛀食后常引起烂耳或萎缩，导致大量细菌感染继而腐烂，严重影响黑木耳产量与品质。成虫还能携带杂菌和线虫，传播病虫害。防治措施可参照眼菌蚊的防治。在诱杀成虫时可取些烂果或酒糟放在盘中诱杀，也可用酒∶糖∶醋∶水＝1∶2∶3∶4 按质量比配成糖醋酒液诱杀。

5. **光伪步甲**（又名伪步行虫） 段木栽培黑木耳的重要害虫。主要以幼虫危害。幼虫蛀食接种穴内的菌丝以及耳基和耳片，甚至钻到树皮下取食木耳菌丝。受害后的耳基往往不长耳，受害的耳片胶质溶解引起流耳。幼虫还能继续危害干耳，受害耳片上常有光伪步甲排出的黑褐色毡毛状虫粪，严重影响木耳品质。成虫也可啃食耳片，被害耳片表面凹凸不平。防治措施：产耳阶段及采后晒耳时进行人工捕杀；其余可参照眼菌蚊的防治。

6. **黑木耳果蝇**（俗称黑木耳红虫）　危害严重时发病率高达90％以上。幼虫孵化后在耳肉中吸取营养，几头甚至十多头聚集在一起。随着虫体长大耳片会鼓起许多瘤状疱。凡受害的木耳均肉薄、色淡、容易脱落或造成流耳，严重影响木耳的产量和质量。成虫雌虫体黄褐色，长2～3毫米。幼虫蛆状，13节。随着虫体长大逐渐变成橘红色或浅红透明。当耳片雨后被泡胀、气温在10℃以上时，雌虫产卵在耳片表面或通过导卵突起刺破耳肉，将卵产入耳肉中，两条卵丝露在外面。卵多为堆产，一处几粒或十几粒。成虫喜食烂瓜果及腐烂木耳。幼虫钻入耳肉中取食，使耳片起泡。老熟幼虫不但能较快地爬行，而且以尾部突起作支点弓曲身体可跳跃，一跃可达15～20厘米高、20～30厘米远。老熟幼虫在土壤或段木树皮下化蛹。防治措施：做好环境卫生，耳场必须远离垃圾堆和猪、牛圈。将干耳放在60～70℃的烘房中烧烤2～4小时可杀死其中的幼虫。诱杀成虫可按酒∶糖∶醋∶水＝1∶2∶3∶4的比例配成糖醋酒液盛于盆中，每2～4耳架放1～2盆，也可利用果蝇成虫趋黄的习性安装粘虫黄板诱杀成虫。

7. **食丝谷蛾**　主要危害段木栽培，以幼虫蛀入菌种穴取食菌丝，影响接种点定穴。幼虫还钻到耳杆形成层内和木质部食害菌丝，被害部位变深褐色，招致跳虫和螨类危害，排出的虫粪将促使杂菌发生。防治措施：冬春季彻底清除耳场中的废段木并集中处理或烧毁以消灭越冬幼虫。在成虫羽化期用药液喷杀。在幼虫危害期将药液注射于有新鲜虫粪的耳木被害穴杀虫。耳杆点菌后排场时要远离老耳场，防止成虫到新耳杆上产卵。

8. **蓟马**　主要危害木耳子实体。成虫和1、2龄若虫用口器锉破耳片表皮，吸取汁液，使耳片扭曲不能展开，缢缩卷曲，严重时造成流耳。成虫、若虫群集性很强，一根段木上可达上千头，危害率为5％～35％。防治措施：做好耳场周围环境卫生，彻底清除枯枝落叶、菌渣废料和杂草、杂物，在地面、墙角等处撒石灰粉以减少虫源。可以在田间悬挂蓝板诱杀蓟马成虫和施药化学防治。

9. **黑翅土白蚁**　取食黑木耳菌丝造成栽培失败。年平均积温高、年降水量适宜时蚁害重，反之就轻。耳木堆放时间长则白蚁危害的概率大。防治措施：下种前用浸泡等方法处理有蚁段木清除虫源，并将灭蚁药剂喷洒于耳场；注意环境卫生，防止白蚁侵入耳场；根据蚁巢表面或附近堆土有疏松，形成泥被、泥线等特征判断蚁巢位置并挖巢灭蚁；在白蚁洞口及活动场地施用药剂杀灭土壤中的白蚁；在耳场四周挖沟围隔；在白蚁迁移出巢交尾季节设置诱虫灯诱杀有翅白蚁。

10. **紫跳虫** 以成虫取食黑木耳菌丝体危害，严重时成百上千头成虫聚集于接种穴周围。成虫体长 1 毫米左右，近圆筒形。防治措施：及时清除栽培场积水和加强通风，防止环境过于潮湿。出耳期发生跳虫可用药剂喷杀，也可用少量糖蜜放在盘里进行诱杀。

11. **蠼螋** 身体长形，头扁宽，咀嚼式口器，前胸背板大。生活在石头下、树皮下、肥料堆和阴暗潮湿的地方。食性比较复杂，可危害菌丝，是代料栽培黑木耳最主要的害虫，在其他食用菌上也有发生。防治措施：利用蠼螋夜间活动的趋光性，在栽培场设置较亮光源并在光源周围撒上杀虫粉剂诱杀。

12. **四斑丽甲** 成虫黑色，体长 13 毫米左右。成虫、幼虫触之会射出臭味的白浆。多在栽培袋下方活动，有时钻入袋内啃食黑木耳菌丝和耳片。防治措施：采耳时随时人工捕杀成虫和幼虫。

13. **黑光伪步甲** 成虫黑色、有光泽、长椭圆形。夜间取食黑木耳子实体，是段木栽培黑木耳的主要害虫之一。防治措施：冬春季彻底清除耳场内的残株及附近的砖、石、瓦块、枯枝落叶或烂草等；在越冬成虫活动期间用药杀虫；采耳翻杆时发现害虫并及时捕捉杀死。

（二）其他有害生物

1. **蛞蝓** 生活在阴暗潮湿的草丛、枯枝落叶、石块及砖瓦下，能取食危害黑木耳、毛木耳等多种食用菌，多在夜间、阴天或雨后成群爬出寻食。防治措施：做好环境卫生，铲除耳场周围杂草，清除场内垃圾、枯枝落叶及砖瓦碎石，使蛞蝓无藏身之地；根据蛞蝓昼伏夜出的习性，可在黄昏、阴雨天进行人工捕捉；在蛞蝓经常出入处撒新鲜石灰或食盐阻隔防治，每隔 3～4 天撒一次。

2. 蜗牛　蜗牛生活习性与蛞蝓相似，它能咬食多种黑木耳，使子实体呈现凹陷及缺刻。蜗牛的防治措施可参照蛞蝓的防治措施。

3. 线虫　多为乳白色透明，成熟时体壁可以呈褐色或棕色，很短小，一般 1 毫米。主要取食黑木耳菌丝，危害后造成烂耳和流耳。高温高湿季节，特别是梅雨季节容易严重发生。通过耳木或菌包接触了感染线虫的泥土或水造成危害；采耳时由于烂耳引起交叉感染；螨、蚊、蝇及其他小动物等携带传染。防治措施：耳场要严格消毒、排水良好、不积水；做好耳木播种前消毒；采耳时不留耳根，采耳工具和手应消毒；耳木上因害虫引起的烂耳应削去洗净，使再生新耳芽不受线虫危害。

（三）虫害防治

黑木耳栽培中虫害防治最根本的方法是控制环境，减轻虫害滋生、繁殖和生存，在实际生产中应注意以下事项。一是清理场地，做好环境卫生，对菌包培养室和黑木耳栽培出耳场地经常清理，将一切易滋生杂菌和害虫的物料清除，做到场地清洁、空气清新、干湿度适宜。二是做好环境消毒杀虫处理，对发菌室、栽培出耳场地等易滋生害虫的工作场所进行消毒和杀虫，尽量减少所处环境中的害虫基数，降低害虫危害概率。三是及时采取防治措施，首先应捕杀，切断进一步危害的途径。根据虫害种类特性，尽快排查和清除虫源。加强环境卫生治理、阻断害虫侵入环节。根据害虫特性进行诱杀。强化菌包发菌和出耳环境调控，尽量创造适宜黑木耳菌丝和子实体生长，同时抑制害虫危害的环境条件。

三、病虫害的综合防治

（一）农业防治

1. 稻耳轮作（水旱轮作）防控　每年 5—10 月种水稻，11 月至翌年 4 月栽培黑木耳。轮作可消除菇蚊、线虫、螨虫和鞘翅目多种害虫。

2. 培养料高温灭菌处理防控 严格高温处理可杀灭基质内滋生的大量病虫源，同时进一步熟化基质、加快发菌速度，减轻发菌期和出耳期的病虫危害，为高产优质打好基础。

（二）物理防治

保持生产环境清洁，保持排水沟通畅、空气清新、水源干净，用清洁的水浇耳，防止水中携带线虫等虫源。规范发菌培养操作，确保发菌室洁净并具备恒温条件。盖好瓶盖，扎紧袋口，防止菇蚊、螨虫等病虫侵入菌袋。在发菌及出菇设施棚外罩防虫网，以起到屏蔽作用，防止菇蚊成虫、夜蛾等害虫入侵。利用防虫网作为药剂载体防治停留在网上的成虫，并起到药物熏蒸的作用。在栽培出耳期间，可在耳棚中或出耳场地设置诱虫灯进行诱杀，或用诱虫板进行诱杀。增加防护设备设施，提高发菌室、出耳棚室及出耳场地的工厂化、规模化、智能化程度，提升环境洁净水平，加强关键指标监测和自动调控能力。

（三）生物防治

通过栽培管理提高黑木耳的营养条件和环境条件的适应性，增强黑木耳抗病性，减少病害发生概率。创造有利于黑木耳生长同时抑制杂菌生长的选择性营养和环境条件，提高黑木耳菌丝生长的竞争优势。尽量避免形成有利于杂菌和害虫侵入及滋生的营养与环境条件，一旦形成时能通过管理操作进行调整并尽量减少对黑木耳的伤害。

不滥用农药，避免对害虫天敌的误杀。如肉食螨、某些革螨等螨类在床面上出现时，不应加以扑杀，应予以保护。

（四）化学防治

对于发菌期长、较易感染杂菌的品种及栽培环境可控性差的场所，可在培养料中拌入低剂量的抑菌剂，有效减少发菌期的竞争性杂菌。在高温季节病虫活动期内，可在菌包开口前向耳床使用化学药剂，能有效杀灭病虫的幼虫和杂菌。抓住出耳间歇期防治，注意不能在黑木耳子实体上用药。在出耳间歇期，可选择高效低毒的药剂喷施于耳床和周边环境上，但应考虑风向等因素，避免黑木耳菌包着药。可选用芽孢杆菌及结晶毒素水剂（BT）、布氏白僵菌等生物性农药进行喷雾防控。

四、黑木耳生产农药使用原则

禁止有剧毒的有机汞、有机磷等药剂用于拌料和耳场环境处理。残效期长、不易分解及有刺激性臭味的农药不能在出耳期使用。特别是有子实体时，绝对禁止使用毒性强、残效期长或带有刺激臭味的药剂。防治黑木耳病虫害应选用高效、低毒、低残留的药剂，并根据防治对象选择药剂种类和使用浓度，对症下药。使用农药时要先熟悉农药性质。滥用农药会在培养料表面形成有毒物质，影响菌丝生长，造成减产。尽可能使用植物性杀虫剂和微生物制剂。用药时要根据病虫害发生情况，尽量采取局部少量施用，避免农药污染扩大造成药害（黑木耳主要病虫害的防治方法见表 7-1，常用消毒剂及使用方法见表 7-2）。

表 7-1　黑木耳主要病虫害的防治方法

病虫害	防治方法
木霉侵染	1. 保持耳场、培养场所及其周围环境清洁卫生，保持通风，出耳后每 3 天喷 1 次 1％石灰水，具有良好防霉效果 2. 木霉发生在培养料表面、尚未深入料内时，用 pH 10 的石灰水擦洗患处，可控制木霉生长
青霉侵染	1. 做好接种室、培养室及生产场所消毒灭菌，保持环境清洁卫生，加强通风，减少空气湿度，防止病害蔓延 2. 局部发生病害可用 5％～10％石灰水冲洗。采耳后喷洒澄清石灰水抑制青霉菌发生 3. 杂菌感染严重的菌包（棒）要清除并深埋或焚烧

（续）

病虫害	防治方法
毛霉侵染	1. 清除培养场所的烂木、烧柴等杂菌源头 2. 强化灭菌操作，做到彻底灭菌。培养室宁干勿湿，加强通风
线虫病	1. 用蒸汽、热水浸泡，对培养场所和接种工具进行杀虫处理 2. 在出耳期间做好环境卫生工作，耳场每 7 天喷一次 0.5% 的食盐水或者 0.5%～1% 的石灰水上清液
螨虫病	1. 选用无螨菌种，原种用高压锅灭菌以保证灭菌彻底 2. 做好环境卫生，减少污染源，及时处理杂菌感染菌包（棒）和（或）培养时间过长的菌种瓶（袋），减少适宜螨虫生长的条件和场所 3. 发现螨虫时可在发菌期或出耳间歇期使用 4.3% 氯氟·甲维盐乳油 800～1 000 倍液喷雾杀虫 4. 培养场所要保持干燥，不要与接种室直接相通
眼蕈蚊病	1. 保持耳场、培养场所及其周围环境清洁卫生 2. 培养场所安装纱窗杜绝虫源，使用黄色粘虫板或诱虫灯诱杀 3. 发现眼蕈蚊可在发菌期或出耳间歇期使用 4.3% 氯氟·甲维盐乳油 800～1 000 倍液喷雾杀虫

表 7-2 常用消毒剂及使用方法

消毒剂	用途	使用方法	注意事项
气雾消毒剂	接种及发菌场地消毒	按产品说明书使用	参照产品说明书
酒精	手部、接种工具及器皿表面消毒	75% 水溶液涂擦	易燃，注意按实验室操作方法使用
新洁尔灭	皮肤和不耐热的器皿表面消毒	0.25% 水溶液涂擦或浸泡	参照产品说明书
漂白粉	接种工具、菌种瓶（袋）表面消毒	10% 水溶液浸泡擦拭	勿与碱性药品混合，防水、防潮。随用随配
	培养场所消毒	1% 水溶液喷雾	

（续）

消毒剂	用途	使用方法	注意事项
过氧乙酸	手和器械表面消毒，生产、接种、培养等场地消毒	0.2%～0.5%水溶液表面擦拭；空间消毒先用0.5%水溶液喷雾增湿，再用 20% 水药液 5 毫升/米³ 熏蒸	勿与碱性药品混合使用
二氧化氯	器械表面消毒，生产、接种、培养等场地消毒	1%～7%水溶液擦拭或喷洒	参照产品说明书
来苏儿	生产、接种、培养等场地消毒	2%水溶液喷洒	勿直接接触
硫黄	空间消毒	15～20 克/米³，燃烧熏蒸	消毒空间先喷水增湿
高锰酸钾	空间消毒	5 克/米³ 甲醛助剂熏蒸	随用随配
	器具表面消毒	0.1%～0.2%水溶液擦拭	
石炭酸	空间和表面消毒	3%～5%水溶液喷洒	对皮肤有腐蚀

参考文献 REFERENCES

戴玉成，图力古尔，2007. 中国东北野生食药用真菌图志 ［M］. 北京：科学出版社.

傅永春，翁景华，陆秀新，等，1987. 蔗田套栽黑木耳的研究 ［J］. 福建农业科技 (1)：23-24.

黄年来，2010. 中国食药用菌学 ［M］. 上海：科学技术文献出版社.

李玉，2001. 中国黑木耳 ［M］. 长春：长春出版社.

罗信昌，陈士瑜，2010. 中国菇业大典 ［M］. 北京：清华大学出版社.

孙华瑜，张燕芬，章伟青，1984. 代料栽培黑木耳技术 ［J］. 食用菌 (1)：18-19.

王延锋，戴元平，徐连堂，等，2014. 黑木耳棚室立体吊袋栽培技术集成与示范 ［J］. 中国食用菌，33 (1)：30-33.

吴芳，戴玉成，2015. 黑木耳复合群中种类学名说明 ［J］. 菌物学报，34 (4)：101-108.

姚方杰，2012. 北耳南扩的喜与忧 ［J］. 中国食用菌，31 (1)：61-62.

姚方杰，张友民，鲁丽鑫，等，2015. 黑木耳遗传育种研究 ［J］. 菌物研究 (3)：125-128，122.

张介驰，马云桥，王延锋，2022. 寒地食用菌 ［M］. 哈尔滨：黑龙江科学技术出版社.

张金霞，蔡为明，黄晨阳，2020. 中国食用菌栽培学 ［M］. 北京：中国农业出版社.

张金霞，陈强，黄晨阳，等，2015. 食用菌产业发展历史、现状及趋势 ［J］. 菌物学报，34 (4)：524-540

张芦宛，骆中华，朱时流，1988. 甘蔗田套种黑木耳技术 ［J］. 作物杂志 (3)：26.

Kirk P M，Cannon P F，Minter D W，et al. ，2008. Ainsworth & Bisby's dictionary of the Fungi ［M］. 10th ed. Wallingford：CAB International.

图书在版编目（CIP）数据

黑木耳栽培实用技术/张介驰主编 . —2 版 . —北
京：中国农业出版社，2025.4
（国家食用菌产业技术体系栽培技术丛书）
ISBN 978-7-109-31967-7

Ⅰ．①黑… Ⅱ．①张… Ⅲ．①木耳－栽培技术 Ⅳ.
①S646.6

中国国家版本馆 CIP 数据核字（2024）第 098719 号

黑木耳栽培实用技术
HEIMUER ZAIPEI SHIYONG JISHU

中国农业出版社出版
地址：北京市朝阳区麦子店街 18 号楼
邮编：100125
责任编辑：李 瑜 舒 薇 文字编辑：徐志平
版式设计：王 晨 责任校对：吴丽婷
印刷：中农印务有限公司
版次：2011 年 1 月第 1 版 2025 年 4 月第 2 版
印次：2025 年 4 月北京第 1 次印刷
发行：新华书店北京发行所
开本：880mm×1230mm 1/32
印张：3.5 插页：4
字数：105 千字
定价：24.00 元

彩图1-1　野生黑木耳（张鹏拍摄）

彩图1-3　黑木耳露地摆放袋栽

彩图1-2　黑木耳段木栽培

彩图1-4　黑木耳棚室袋栽

彩图3-1　黑木耳枝条菌种

彩图3-2　黑木耳枝条菌种剖面

彩图3-3　液体菌种发酵罐

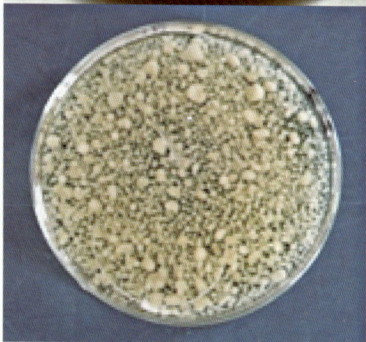

彩图3-5　露地摆放栽培场地

彩图3-4　黑木耳液体菌种形态

彩图3-6　芽口出现〝黑线〞

彩图3-7　耳芽长至米粒大小

彩图3-8　菌包出耳阶段

彩图3-9　袋顶出耳

彩图3-10　黑木耳网架晾晒

彩图3-11　黑木耳棚室挂袋栽培场地与设施

彩图3-12　棚室内菌丝恢复培养

彩图3-13　挂　袋

彩图3-14 棚室菌包催芽管理

彩图3-15 棚室菌包育耳期管理

彩图3-16 采 收

彩图3-17 秋季栽培菌包发菌放置方式

彩图3-18　室内催芽

彩图3-19　菌包分床摆放

彩图3-20　棚室内开口及芽口恢复

彩图3-21　棚内稀疏挂袋

彩图4-2　长棒栽培的养菌管理

彩图4-1　接种箱法

彩图4-3 大棚层架养菌

彩图4-4 长棒栽培出耳管理

彩图5-1 木段打孔接种后封口

彩图5-2 木段起架出耳

彩图5-3　木段出耳

彩图5-4　木段排场出耳

彩图6-1　木段接种

彩图6-2　起架育耳

彩图7-1　接种点感染育霉菌

彩图7-2　感染木霉菌

彩图7-3　感染脉孢菌

彩图7-4　感染杂色云芝

彩图7-5　烂　耳